身につく

気象の原理

横川 淳 著　三浦有

F.B.S.
ファースト
ブック
STEP

技術評論社

本書を手に取ってくださった皆様、興味をもっていただきましてありがとうございます。

　恐らく皆様は、「お天気には興味があるけど、本格的に勉強しようとするとハードルが高いような気がする。入門部分をやさしく勉強できる本はないだろうか」と思って、手に取られたのではないでしょうか。

　だとしたらビンゴ！です。そういう方の期待に応えようと思って本書を執筆しました。本書の目的は、タイトルにもある通り、単にお天気に関する知識を増やすことではなく、「原理を理解」することによってお天気のことを少し分かっていただくことにあります。

　そもそも筆者は、気象予報士の資格は所持していますが、気象学の専門家でもなければテレビで天気予報コーナーを担当するキャスターでもありません。日々高校生に物理や化学を教える仕事をしているに過ぎません。ですから専門的な知見では、そうした専門家の皆様と比べて見劣りする部分があるはずです。

　一方で、物理や化学が分からなくて困っている子に「何をどう伝えれば分かってもらいやすいか」という点については、かなりの経験を積んできました。また、自分自身が気象予報士の資格取得に向けて勉強しているときに「ここの意味がよく分からないな」と悩んだ箇所が多数あり、そういうところを解消するような本があれば…と思っていました。ですので、執筆を始めて以来「自分が感じた難しさを解消できるように」「中学卒業程度の知識があればなるべく理解できるように」という点に気を配って筆を進めました。

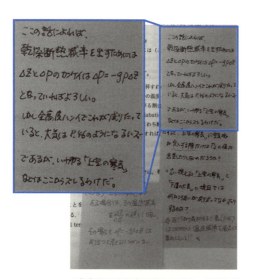

▲気象学の専門書を読みながら、温度と気圧が高度によってどう変わるのか…を考えていたときのメモです。温度・圧力・密度が互いに影響しながら決まっていくので、その相互関係を理解するのに時間がかかりました

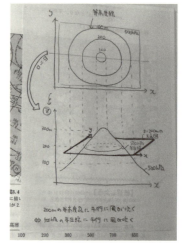

▼筆者が気象予報士の勉強を始めた直後にぶち当たった壁「等高度線」。よく聞く「等圧線」とどう違うのか？ 誰も聞く相手がおらず四苦八苦しながらイメージをつかんでいきました。本書の101ページあたりの記載に活かされていると思います

　特に気をつけたことは、「温度」「仕事」「放射」など、「分かったつもりで思わず素通りしてしまいそうなところ」できちんと立ち止まって、「温度とは何か」「仕事とは何か」「放射とは何か」「どうして仕事や放射によって温度が変化するのか」ということを一つひとつ分解していくということです。ほとんどの方は「空気の中では、酸素や窒素などの分子（粒）が飛んでいる」ということはご存じのはずですから、そのイメージをうまく使いながら最初の関門「気温が決まるしくみ」についてまとめました（**第1章　気温—天気を変えるきっかけは「気温」から**）。

第2章（気圧と風—荒れる天気のきっかけは「気圧」から）では、空気を（分子ではなく）ひとまとまりのかたまりとしてとらえる練習をします。空気のかたまり（空気塊と言います）に外から力が働くことによって、その空気塊が動いていく…ということがイメージできるでしょう。空気塊に外から力を及ぼしているのは周辺の空気ですから、「いま着目している空気塊」と「周辺の空気」を切り分けてイメージすることが必要です。空気塊の動きがすなわち「風」ですから、局地的な風や地球規模の風（循環と言います）のことが理解していただけると思います。

　第3章（雲と雨—ぐずついた天気のきっかけは「雲」から）は、ここまでで学んだことを利用していよいよ「雲のでき方」「雲の性質」の理解に取り組みます。新しく「水蒸気」という気体の要素が加わります。ここまでで、温度・風・雲という、気象の主な登場人物が出そろうことになります。

　第4章（毎日の天気—日々の気象を「原理」で読み解く）がハイライトです。少し難しい内容も混じりますが、温帯低気圧の発達、台風との違い、梅雨前線などの季節ごとの特徴を理解していきましょう。日本の近辺で起こるこれらの現象は、実際には地球規模のエネルギーの流れによって引き起こされているということがイメージしていただけるのではないかと思います。また、低気圧や高気圧は地表の現象ですが、実は上空の気圧配置と密接な関係があって、地上と上空がうまくかみ合って初めて発達する現象なのだということも分かります。

　第5章（困った天気—「突発的」な気象現象も理解しよう）は、ここまでの流れとは少し切り離されたトピックを取り扱っています。ゲリラ豪雨など、テレビ報道などでよく耳にする事項を集めました。

　このような流れで進みますので、基本的には第1章から順番に読んでいただくことをお勧めしたいと思います。

なお、本文中に3匹のリスのキャラクターが登場しています。筆者が運営しているブログ「カガクのじかん*」から出張してきてもらいました。リー、スー、ハカセです。どうしても数式などが登場して堅苦しい書き方にならざるを得ない部分もあるのですが、そういうところで筆者にかわって「だいたいこういう意味ですよ」ということを語ってもらいます。

　本書で気象学の最初のハードルを越えていただいて、次のステップの勉強に進んでいかれることを願っています。

2015年2月　横川　淳

＊ 「カガクのじかん」(http://d.hatena.ne.jp/inyoko/)

Contents

第1章 気温
天気を変えるきっかけは「気温」から

1.1 気温に関する物理法則
- 温度とは…準備：絶対温度 — 12
- 気温とは、空気の分子の運動の激しさ — 13
- 対流・移流 — 15
- 伝導 — 16
- 仕事 — 17
- 放射 — 20
- 潜熱 — 28

1.2 太陽からもらったエネルギーで地球が温まる
- 地球に降り注ぐエネルギー・地球から出ていくエネルギー — 32
- 地表と宇宙の間で — 33
- 大気が放射を吸収するしくみ — 35
- 朝・昼・晩の気温変化 — 36
- 春夏秋冬の気温変化 — 41
- 緯度による気温の違い — 43
- 高度による気温の違い — 44

コラム　気温の予想 — 53

第2章 気圧と風
荒れる天気のきっかけは「気圧」から

2.1 気圧に関する物理法則
- そもそも気圧って何？ — 58
- 気圧は自由に決まらない—状態方程式 — 61
- 上空では気圧が低いシンプルな理由 — 64
- 浮力はいつでもかかっている — 70

Contents

　　　気圧分布の表し方：等圧面と等圧線 ——— 73
　　　気圧変化はどうして起こる？ ——— 74
　　　空気に働く力―気圧傾度力・コリオリ力・摩擦力 ——— 76
　　　様々な風1―地衡風 ——— 81
　　　様々な風2―傾度風・旋衡風 ——— 83
　　　摩擦力の影響―等圧線を横切る風 ——— 90

　2.2　天気図から読み解く大気の循環
　　　天気図を見る準備−前線記号と矢羽根 ——— 96
　　　実際の天気図を見てみよう ——— 100
　　　風の収束・発散 ——— 104
　　　地球規模の大気の流れ「循環」 ——— 105

　　コラム　天気図 ——— 116

第3章　雲と雨
ぐずついた天気のきっかけは「雲」から

　3.1　水蒸気から雲ができるまで
　　　空気に混じる「目に見えない水」―水蒸気 ——— 120
　　　空気中に含まれる水蒸気量 ——— 124
　　　空気が飽和！　でもまだ雲はできません ——— 128
　　　小さな粒に大きな役割―凝結核 ——— 130
　　　温度が下がり湿度が上がって雲ができる ——— 131
　　　色々な種類の雲 ——— 136
　　　安定な大気、不安定な大気 ——— 138

3.2 エマグラムを理解しよう
- エマグラムの基本 ——— 143
- エマグラムの読み解きに挑戦! ——— 148

コラム　エマグラムと指数 ——— 158

第4章 毎日の天気
日々の気象を「原理」で読み解く

4.1 気圧と気象の関係
- 身近な気象現象を理解しよう ——— 162
- 低気圧と高気圧が順番にくるリクツ ——— 162
- 温帯低気圧の構造を詳しく見てみよう ——— 172

4.2 典型的な天気図ができるワケ
- 海上で発達する台風のしくみ ——— 181
- 梅雨前線ができる理由は? ——— 189
- 冬型の気圧配置って何? ——— 195
- 四季の移り変わり ——— 197

コラム　数値予報による予報 ——— 206

第5章 困った天気
「突発的」な気象現象も理解しよう

5.1 竜巻
- 竜巻の威力と発生メカニズム ——— 210

5.2 ダウンバースト
　　　飛行機にとって深刻なダウンバースト ──────── 218

5.3 雷などの電気現象
　　　雷雲の中では何が起きている？ ──────── 220

5.4 ゲリラ豪雨
　　　都市を突然襲うゲリラ豪雨 ──────── 226

　　　コラム　竜巻の予報 ──────── 233

●索引 ──────────────────────── 235
●参考文献−さらに学ぶには ────────────── 238

第1章

気温
天気を変えるきっかけは「気温」から

　気象現象を決める重要な要因の1つである「気温」がどのようにして決まるのか、この章で見ていきます。気象は基本的にはスケールの大きい現象なのですが、一度ミクロな視点で掘り下げてみて、最後に「こんなふうにざっくり理解しましょう」とまとめたいと思います。

1.1 気温に関係する物理法則

❖温度とは…準備：絶対温度

気温とはもちろん「大気の温度」という意味ですが、そもそも温度とは何でしょう。例えば、温度が20℃と40℃では何かが2倍違うのだろうか…？などと思ったことはありませんか？

実は温度とは、物体を作っている原子（または分子）の運動の激しさを表す数値です。ただし、ふだんよく使う℃(セ氏温度)だと少し不便なので、ここで絶対温度というものを導入しておきます。

$$絶対温度［K］＝セ氏温度［℃］＋273$$

例：気温20℃を絶対温度で表現すると、「293K」となります（図1.1）。

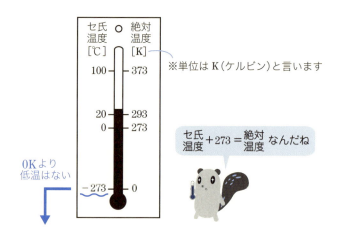

図1.1 セ氏温度と絶対温度

温度の特徴は、高い方はいくらでも高いが、低い方は0K（−273℃）までということです。これについてはすぐ後で補足します。

❖気温とは、空気の分子の運動の激しさ

　空気は酸素や窒素などの気体が混じったものです[*1]。目には見えませんが、酸素や窒素などといった分子は毎秒数百メートルの速度であちこちランダムな方向に飛び回っています。このランダムな運動を**熱運動**と呼びます。

　分子の質量と速さを使って、運動の激しさを表す**運動エネルギー**は次のように決められています。

$$運動エネルギー [J] = \frac{(質量 [kg]) \times (速さ [m/s])^2}{2}$$

しかし、このような書き方だと取り扱いが難しいので、普通は質量を $m[\mathrm{kg}]$、速さを $v[\mathrm{m/s}]$ という記号で表し、

$$運動エネルギー [J] = \frac{1}{2}mv^2$$

と表記します。例えば質量が $1\,[\mathrm{kg}]$ で速さが $2\,[\mathrm{m/s}]$ の物体のもつ運動エネルギーは、$\frac{1}{2} \times 1 \times 2^2 = 2\,[\mathrm{J}]$。質量が $1\,[\mathrm{kg}]$ で速さが $4\,[\mathrm{m/s}]$ だと運動エネルギーは $\frac{1}{2} \times 1 \times 4^2 = 8\,[\mathrm{J}]$。このように計算します。

　この式を見ると、速さが2倍だと運動エネルギーは4倍に、速さが3倍だと運動エネルギーは9倍になる…などということが分かります。要するに、<u>激しく運動している物体は、運動エネルギーが大きい</u>ということです。

　実際の空気においては、それぞれの分子は少しずつ異なる運動エネルギーをもって飛び回っていますが、この異なる<u>運動エネルギーの平均値は絶対温度と比例関係にある</u>ことが分かっています。ですから<u>温度の高い空気では、分子の飛び回る速さが大きい</u>というイメージが成り立ちます（次ページ図1.2）。

[*1] 詳しい組成については124ページ：表3.1

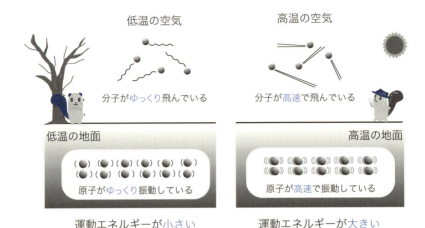

図1.2 原子・分子の運動エネルギーと温度の関係

　水や地表などについても同様で、ともかく<u>高温とは物体を構成している原子や分子の熱運動の運動エネルギーが大きいという状態</u>のことです。毎回こんな表現をすると長くなってしまうので、普通は次のように表現します。

　　　　　　高温の物体　＝　熱エネルギーをたくさんもっている

　もちろん、ここで熱エネルギーとは物体を構成している原子や分子の熱運動の運動エネルギーのことです。ここまで考えると、低温には限度があることも分かります。<u>熱エネルギーがゼロになるところが最低温度で、これがOKなのです。</u>

　したがって、ある場所の空気の温度を上昇させるためには、以下の2つの方法があると分かります。

(1) 他の場所から、熱エネルギーをたくさんもった空気が移動してくる

　　つまり、温度の高い空気が移動してくることです。このような空気の移動のことを対流・移流と呼びます。鉛直方向の移動は対流、水平方向の移動は移流と呼び分けるのが普通です。

(2) 何らかの方法で、その場所の空気の熱エネルギーを増やす

実際には、放射、伝導、仕事、潜熱の解放があります。

まず、これらのプロセスについて一つひとつまとめていきます。その後、これらのプロセスが実際にどんなふうに作用して地球上の気温が決まっているのかを見ていきましょう*2。

❖対流・移流

何らかの理由で、他の場所から熱エネルギーをたくさんもった（すなわち高温の）空気が移動してくると、当然その場所の空気の温度が上がります。逆に低温の空気が移動してくると、その場所の空気の温度は下がります。

あるまとまった範囲の空気（これを空気塊と呼びます）に注目すると、この空気塊には自らの重さのほかに鉛直・水平方向から押される気圧がかかっています。この気圧のバランスが崩れて、例えば上向きの力が勝ってしまうと、この空気塊は上昇していきます（これを上昇気流と呼びます）。水平方向のバランスが崩れると、この空気塊は水平方向に動いていきます（これを風と呼びます）。

基本的には図1.3のように、注目している空気塊にかかる力のバランスが崩れたとき、停滞していた空気塊は動き始めます。

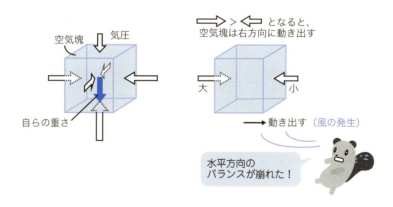

図1.3 気圧のバランスと風の発生

*2 先に具体例から入りたい方は、32ページからお読みください

ただし、気象現象を取り扱う際には「止まっていた空気が動き出す」ということだけでなく、吹き続ける風のような「空気が動き続ける」現象も取り扱います。このような場合には少し注意が必要です[*3]。

❖ 伝導

高温の地表に低温の空気が接しているとしましょう。このとき、地表付近をものすごく拡大して見ることができたとすると、図1.4のように<u>低温の空気の分子はゆっくり飛んでいて、高温の地表の原子は高速で運動している</u>はずです。

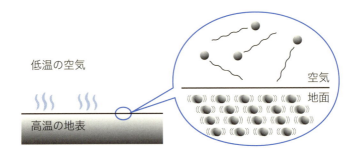

図1.4 空気の分子と地表の原子の動き

この境目付近で空気の分子と地表の原子が衝突すれば、当然、低速だった空気の分子の速さが少し増し、高速だった地表の原子の速さは少し減るはずです。「分子が高速＝高温」ですから、衝突を繰り返せば、低温だった空気の温度が上がり、かわりに高温だった地表の温度が下がっていくことが分かります。このようにして、<u>温度の異なる物質が接触し、接触部分で原子・分子が衝突することによって熱運動の運動エネルギーが伝わっていく現象を伝導</u>と呼びます。

昼間に熱くなった地表から、伝導によって空気にエネルギーが伝わっていき、気温が上がるということは実際に起こっています。ですが、気温の変化にとってずっと重要なのは後述する<u>放射</u>の方です。また、高温の空気と低温の空気の間での伝導は非常に起こりにくいので、気象現象について考える際にはほとんど無視しています。

[*3] これについては、92ページコラム：「止まっている空気塊が動き始めると」で詳しく解説します

❖ 仕事

　空気塊に**仕事**を加えたり、逆に空気塊が周囲に仕事をすることによって、空気塊の温度が上がったり下がったりします。このことを理解しましょう。一般的に、物体を手で押して力を加えながらある距離だけ動かしたとき、物理の用語では仕事を以下のように定義します。

$$\text{物体がされた仕事 [J]} = \text{力 [N]} \times \text{距離 [m]}$$

仕事の単位もエネルギーと同じ「J(ジュール)」になります（図1.5）。

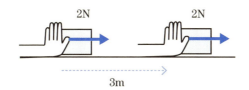

- 物体が手にされた仕事 ＝ 2[N]×3[m]＝6[J]
- 手が物体にした仕事　 ＝ 2[N]×3[m]＝6[J]

　｝同じ意味

「仕事」という言葉は「物体がされた仕事」「手がした仕事」のように用います。
つまり仕事という言葉には
「物体に対して、外部からもたらされる作用」
という意味合いがあるわけですね

図1.5 仕事の定義

　物体の運動方向に力を加えて押せば、当然物体の速さは速くなりますね。つまり<u>物体が仕事をされると物体の運動エネルギーが増える</u>ということです。その逆に物体が何か別のものを押しながら進んでいくと、物体は押し返されるので減速しますね。つまり<u>物体が仕事をすると物体の運動エネルギーが減る</u>と言えます（次ページ図1.6）[*4]。

[*4] ちなみに「運動エネルギー」という言葉は「物体の運動エネルギー」とか「物体がもっている運動エネルギー」のように「物体がもっている」という使い方をします

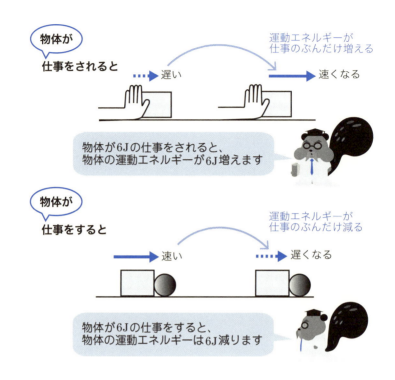

図1.6 仕事と運動エネルギーの増減

　これらをまとめた物理法則として、以下の２つが成り立つことが分かっています。

- 物体がされた仕事　＝　物体の運動エネルギーの増加量
- 物体がした仕事　＝　物体の運動エネルギーの減少量

　本書で特に取り扱うのは「空気塊がされる／する仕事」です。「空気塊が仕事をされる」というのは、具体的には<u>空気塊が周囲から押しつぶされて小さくなる（収縮する）こと</u>を表します。

考えやすくするために、空気塊が注射器のような容器に封入されていて、ピストンを押し込むところを想像しましょう（図1.7）。

ピストンに空気分子が衝突してはね返る際に、空気分子はピストンに押されて一緒に動くので「仕事をされる」ことになります。ですから空気分子の運動エネルギーは増えます。逆に「空気塊が仕事をする」とは、空気塊が周囲に向かって広がっていく（膨張する）ことを表します。図1.7で言うと、空気が膨張してピストンを押していくことに相当します。ピストンに空気分子が衝突してはね返る際に、空気分子はピストンを押し進めることになるため「仕事をする」ことになります。ですから空気分子の運動エネルギーは減ります。

また、空気塊の体積は変わらなくても、空気塊自体が「隣接する空気に押されて仕事をされる」ことや、「隣接する空気塊を押して仕事をする」ということももちろんあります（図1.6の物体が空気塊になったと考えてください）。ただ、本書で主に登場するのは、前述のように「空気塊の収縮／膨張」に伴う仕事です。

空気が収縮すると

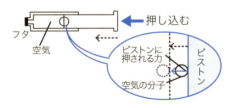

空気が膨張すると

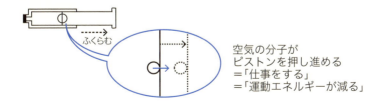

図1.7 空気の膨張・収縮と仕事

空気分子の運動エネルギーは気温に比例するということ[*5]を思い出すと、次のようにまとめられます[*6]。

- 空気塊が仕事をされる（収縮する）
    - → 空気分子の運動エネルギー（熱エネルギー）が増える
    - → 気温が上がる
- 空気塊が仕事をする（膨張する）
    - → 空気分子の運動エネルギー（熱エネルギー）が減る
    - → 気温が下がる

　空気塊の収縮・膨張によって温度が変化するのは、気象の世界ではひんぱんに起こっているのですが（フェーン現象や雲の発生など、本書の後の方で何度も出てきます）、身近なところだとちょっと意識しづらいかもしれませんね[*7]。

❖ 放射

　放射とは、物体に電磁波が出入りすることにより、物体の原子や分子の運動エネルギーが増減する（つまり温度が上下する）現象のことです。太陽光で地表が温まったり、温室効果ガスのおかげで気温が上がったり、放射冷却で地表の温度が下がったりというような気象現象と関係があります。

　まず電磁波の話から始めましょう。電磁波とは、電気と磁気の性質をもった波のことです。真空中を秒速30万kmの速さで伝わります。波ですから、イメージ図を描きますと図1.8のように山と谷の繰り返しのようになっています。図中にある電界が電気の性質、磁界が磁気の性質を表していますが、本書ではこれ以上は深入りしません。

[*5] 13ページ：気温とは、空気の分子の運動の激しさ
[*6] 伝導などの要因が関係しない場合です。より一般的なまとめについては31ページ「まとめ：気温の高低と熱エネルギー」内での「熱力学第1法則」に関する記述をご覧ください
[*7] 細長い試験管状の筒の中にちぎったちり紙と空気を入れ、ピストンでふたをして一気に押し下げると、空気の温度が上がってちり紙に火がつく…という理科実験器具があります。この実験の様子を撮影した動画のQRコードとURLを掲載しておきますのでご興味のある方はご覧ください
https://youtu.be/H2NKfxesog8

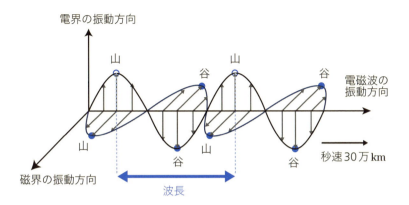

図1.8 電磁波

この図で、山から山までの長さのことを**波長**と呼びます。表1.1のように、波長の長さによって性質や用途は異なり、名前も違います。目で見える光を**可視光線**と呼びますが、これは電磁波のうち特定の波長範囲のものであるということも分かります。また、可視光線の色は波長で決まっていて、波長が長いと赤っぽく、波長が短いと紫っぽくなります。赤から紫までの光が混ざると、白い光になります（太陽の光などがこれにあたります）。

光の種類	波長	補足
電波	地デジTV = 0.1〜1m, FM = 1〜10m, AM = 100m〜1km	通信などに用いる
赤外線	0.75μm〜1mm	地表や大気からの主な放射
可視光線	400〜750nm	目で見える。波長によって色が違う
紫外線	10〜400nm	オゾン層に吸収される・日焼けや皮膚がんの原因にも
X線	1pm〜10nm	レントゲン撮影などに用いる
γ線	1pm以下	放射線医療に用いる。多く浴びすぎると健康被害も

（長波長 ↑ ↓ 短波長）

表1.1 光の種類と波長

ナノ、マイクロ…小さな量の表し方

表1.1の中に登場する「μm(マイクロメートル)」「nm(ナノメートル)」「pm(ピコメートル)」は、小さな長さを表す単位で、それぞれ次の意味です。なじみのある「mm」や「km」と一緒に表にしてみました（表1.2）。このように、「m」という基本の単位の前にm、μ、n、pをつけることによって、1000分の1ずつ小さい単位を表しています。ですから、表の中にある「750nm」と「0.75μm」は同じ長さを表しています。

単位	1mを基準とした長さ
1km	1000m
1m	（基準）
1mm	1/1000m
1μm	1/1000mm＝1/百万m
1nm	1/1000μm＝1/10億m
1pm	1/1000nm＝1/1兆m

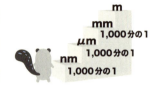

表1.2 長さを表す色々な単位

さて、先ほど電磁波は電気と磁気の性質（電界と磁界）をもっていると述べました。電磁波が原子や分子のような「内部に電気をもっている[*8]」ものにあたると、電界の働きによってその原子・分子を波のように振動させるということが起こります。電磁波が何か物質に吸収されると、その物質を作る原子・分子の運動エネルギー（熱エネルギー）が増える、すなわち温度が上がるというわけです（図1.9）。

逆に、原子・分子が振動すると、その振動の速さに応じた波長の電磁波が発生し、原子・分子の運動エネルギー（熱エネルギー）は減少する、すなわち温度が下がるということも起こります。

[*8] 原子の中心にはプラスの電気をもった原子核があり、その周囲をマイナスの電気をもった電子が回っています。だから「内部に電気をもっている」と表現しました。分子は原子が結合してできたものなので同様です

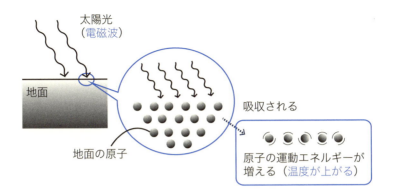

図1.9 電磁波吸収と温度上昇

少し細かく述べてきましたが、気象について学ぶ際には、

(1) 電磁波という波がある。目に見える光（可視光線）だけでなく、目に見えない紫外線、赤外線なども全てその仲間である
(2) 電磁波を吸収した物質の温度は上がる
(3) 電磁波を放出した物質の温度は下がる

ということを頭に置いておけば十分だと思います（図1.10）。

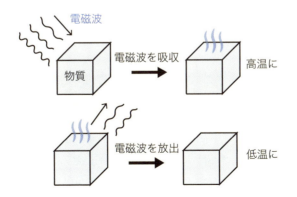

図1.10 物質の温度変化と電磁波の関係

原子や分子が振動すれば電磁波が出るわけですが、あらゆる物体の原子や分子は温度に応じた運動エネルギーをもって運動しているので、結局はあらゆる物体から電磁波が出ています。太陽、地表、空気はもちろんのこと、人体や樹木、ビルなど、あらゆるものから出ています。

太陽の表面から出ている電磁波と地球の表面から出ている電磁波を、ある方法[*9]で計算してみると、図1.11のようになります。横軸は電磁波の波長、縦軸はその波長における放射エネルギーの量を表しています。

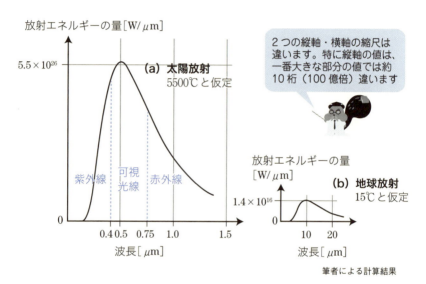

図1.11 太陽放射と地球放射の違い

このように、太陽と地球では放出されるエネルギー量も違いますし、放出される電磁波の波長の範囲も違います。これは次の2つの物理法則で決まっています。

(1) $1m^2$の表面から1秒あたりに放出される電磁波のエネルギー量
  = 絶対温度の4乗に比例（シュテファン・ボルツマンの法則）
(2) 放射エネルギーの量がピークになる波長
  = 絶対温度に反比例（ウィーンの変位則）

＊9　黒体放射というプロセスを仮定します

太陽の方が地球よりずっと高温であるため（太陽表面：約5800K、地表：約288K = 15℃）、図1.11に現れているように<u>太陽の方が（1）放出エネルギー量が多く、（2）短い波長の電磁波を多く放出する</u>わけですね。なお、図1.11で太陽から放出されるエネルギー量が多くなっているのは、「太陽の表面積が地球の表面積よりずっと大きいから」という理由もあります。

最後は少し込み入った物理法則の話になってしまいましたが、気象現象を考える際には大切なことですので、頭に留めておいてくださいね。

気象衛星から撮影された赤外画像・可視画像・水蒸気画像

　気象庁のホームページ[*10]では、気象衛星「ひまわり」が撮影した画像を見ることができます。画像には「赤外画像」「可視画像」「水蒸気画像」の3種類があり、それぞれ違うものを表しています。

　この節で述べた内容と密接に関係があるのは**赤外画像**です。この画像は、雲や地表から放射される赤外線を黒から白までの色で表しています。赤外線の強度（放出エネルギー）が大きいほど黒、小さいほど白で表されています。シュテファン・ボルツマンの法則を考えると、温度が低いほど強度が小さくなるため、画像上は白くなります。

　温度の高低は基本的には雲の一番上（雲頂）の高さで決まります。雲頂高度が高い雲ほど雲頂の温度は低いので、赤外画像で白く見えている部分は雲頂高度の高い雲（積乱雲や巻雲など[*11]）であるということになります。グレーの部分は雲頂高度の低い雲（層積雲など[11]）を表し、黒い部分はだいたい地面か、地面に接しているような霧を表します（次ページ図1.12）。

　可視画像は、その名の通り可視光線をとらえた画像で、可視光線の強度が大きいほど白で表されています（赤外画像と逆ですね）。図1.11で表したように、地球からは可視光線はほとんど放射されていませんので、この可視光線は太陽光を反射したものであると言えます。厚みのある雲ほど可視光線をよく反射しますので、可視画像の白い部分は厚みのある雲を表しています。

[*10]　http://www.jma.go.jp/jp/gms/
[*11]　136ページ：色々な種類の雲

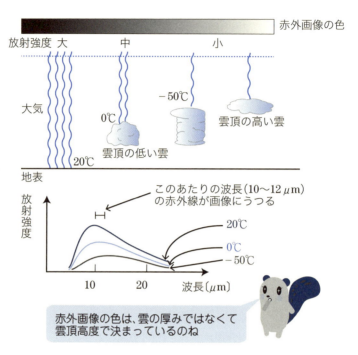

図1.12 雲頂高度と赤外画像の色

ここまでで、赤外画像と可視画像はそれぞれ雲を異なる切り口で表現したものであることが分かります。

- **赤外画像：白＝雲頂高度の高い雲　グレー＝雲頂高度の低い雲**
- **可視画像：白＝厚みのある雲　　　グレー＝厚みが薄い雲**

したがって、例えば赤外画像でも可視画像でも白く見えている部分があると、雲頂高度が高くて厚みもある雲、すなわち積乱雲ではないか？　などと推測ができます。一方、赤外画像では白いが可視画像ではグレーな部分は、雲頂高度は高いが厚みの薄い雲、つまり巻雲などだろう…と推測することができます。特に積乱雲は大雨を降らせますので、このようにして他の雲と区別することは防災上とても重要だと

言えるでしょう。

　水蒸気画像がとらえるのは、この節で述べてきた法則が成り立つようなメカニズムとは違う方法で放出されている電磁波です。分子は種類ごとに特有の波長の電磁波を吸収したり放出したりする性質があります（例えばオゾンは紫外線、水蒸気は赤外線など[*12]）。水蒸気に特有の波長の赤外線を撮影することにより、主に対流圏[*13]の中層から上層に存在する水蒸気をとらえています。

　実際のそれぞれの画像の例を転載します（図1.13）。

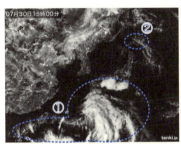
赤外画像

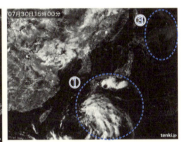
可視画像

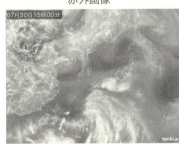
水蒸気画像

日本の南にある台風周辺と四国から関東の南にかけて、可視・赤外画像で白くなっています（①）。これらは積乱雲を表しています。北海道付近は赤外画像で白くなっていますが可視画像ではあまり見えません（②）。これは巻雲のように雲頂高度が高く、厚みの薄い雲を表しています。
北海道の東は可視画像で少し白く見えますが、赤外画像では見えません（③）。これは海面付近の霧を表していると思われます

画像提供：日本気象協会
tenki.jp

日本気象協会の天気予報専門サイト　tenki.jp (http://www.tenki.jp/)
生活にかかせない天気予報に加え、専門的な気象情報、地震・津波などの防災情報も確認できます。

図1.13 赤外画像・可視画像・水蒸気画像（2014/7/30 15:00）

[*12]　35ページ：大気が放射を吸収するしくみ
[*13]　44ページ：高度による気温の違い

❖ 潜熱

　潜熱とは、物質が状態変化（固体⇔液体⇔気体）をする際に吸収したり放出されたりするエネルギーのことです。液体から気体になることを**蒸発**と言いますが、そのほかの状態変化にも名前が付いています（図1.14）。

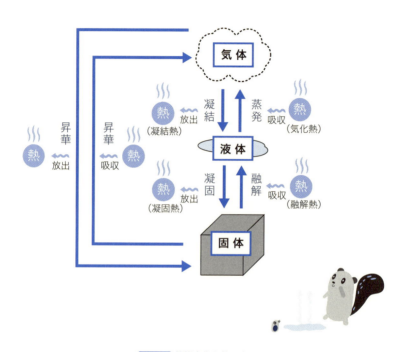

図1.14 状態変化と熱の出入り

　具体例として、液体（例えば水）が蒸発するときに吸収するエネルギー（気化熱）を取り上げます。水に限りませんが、一般的に物質は気体のときは分子どうしがバラバラに自由に飛び回っていますが、液体になると分子どうしが接近してお互いを引っぱり合っています。したがって、液体から気体になる際には、分子間の引力をふりほどく必要があります。周囲の（例えば空気の）分子が衝突すると、運動エネルギーが液体の分子に与えられ、液体の分子は引力を振り切って飛び出していく…というようなこと

が起こります。これによって、周囲の空気の分子は運動エネルギーを失うので、周囲の空気の温度は下がります。このとき水がもらうエネルギーを気化熱と言い、水が蒸発する際に周囲から気化熱を奪ったと表現することが多いです（図1.15）。

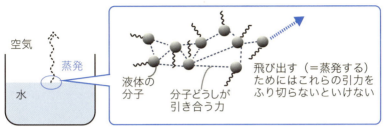

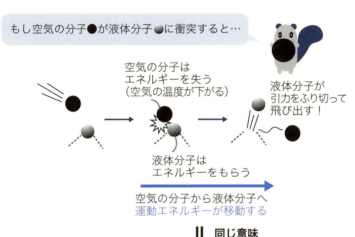

図1.15 水の蒸発に伴うエネルギーの移動

では逆に水蒸気が凝結する際にはどういうことが起こるでしょうか。この場合は、蒸発する際に受け取ったエネルギーが不要になるので、これを周囲に放出してしまいます（つまり周辺の空気の温度が上昇します）。この現象を「水蒸気が凝結する際に凝結熱を放出する」と言ったりします。

放出される凝結熱の大きさは、蒸発する際に吸収される気化熱の大きさと同じです。

同様に、氷が解けるときには融解熱と呼ばれるエネルギーを吸収しますが、水が凍るときにはこれと同じ大きさのエネルギー、凝固熱を放出します。

例えば地表で水が蒸発して水蒸気になり、それが山頂に移動して再び凝結して水滴になる…という現象が起きます。この現象は、エネルギーの移動に注目すると、地表で水が熱エネルギー（気化熱）を吸収し、それを山頂で放出（凝結熱）するというふうにとらえることができます。つまり水蒸気の中にエネルギーが潜んでいて、水蒸気とともにエネルギーが移動したと見ることができるのです。

このように、状態変化に伴って物質の中に潜んでいるエネルギーのことを潜熱と呼びます。

> **まとめ** 気温の高低と熱エネルギー
>
> 　気温の高い・低いは、空気の熱エネルギー(分子の熱運動の運動エネルギー)が大きいか小さいかで決まります。
>
> 　ある場所の気温を変化させるには、よその場所から温度の異なる空気が流入する(対流・移流)か、もしくは伝導・仕事・放射・潜熱によって熱エネルギーを増減させるか、どちらかです。
>
> 　ある空気塊に着目したとき、その温度の上がり下がりと関係するのは対流・移流以外の4つのプロセスです。その中でも仕事だけは周囲から加えた力または空気塊が周囲に及ぼす力によって起こるのでちょっと別枠で扱い、残り3つの伝導・放射・潜熱はまとめて「熱」と考えて、次のように表現します。
>
> ● 空気塊の熱エネルギーの増加量
> 　= 　加えられた仕事　 + 　加えられた熱
> ● 空気塊の熱エネルギーの減少量
> 　= 　空気が外にした仕事　 + 　出て行った熱
>
> 　これは**熱力学第1法則**といって、空気と周囲とのエネルギーのやりとりを表す根本的な法則です。慣れてきたら「分子の運動エネルギーが」というミクロな視点は忘れてしまっても、この熱力学第1法則を使っていけば気象現象をきちんととらえていくことができます。

1.2 太陽からもらったエネルギーで地球が温まる

❖地球に降り注ぐエネルギー・地球から出ていくエネルギー

　ではいよいよ、地球上の気温がどのようにして決まっていくか、概略を見ていきましょう。これまでに見てきたエネルギーを伝える過程の中で、地球に「外から」エネルギーをもたらすことができるのは<u>放射</u>だけだろうとすぐ分かります。また逆に、地球から「外に」エネルギーが出て行く過程としても、放射しかないだろうと気づきます。

　実際その通りになっています。<u>地球には太陽からの放射（電磁波）が降り注ぎ、空気や地表で吸収されて地球の温度が上がっていきます。一方、地球（空気・雲や地表）からも温度に応じた波長・強さでの電磁波放射が起こります</u>。温度が高いほど放射されるエネルギーは増えますので、これが太陽から入射するエネルギー量とつり合ったところで地球の温度が決まるだろうということが分かります（図1.16）。

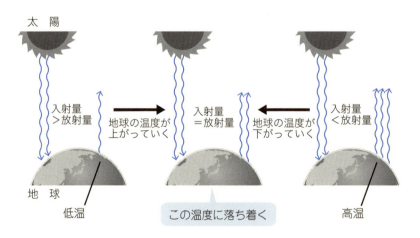

図1.16 入射量と放射量がつり合うしくみ

ところが、太陽から入射するエネルギー*¹⁴(人工衛星で測定されています)と、地球が放射するエネルギー(シュテファン・ボルツマンの法則で立式できます)が等しくなるように地球の温度を求めると、−18℃(255K)という値になります。実際の地球の平均温度(北極から南極まで、1年中の平均を取った温度)は15℃(288K)ですから、あまり一致していませんね。その原因となっているのが、気象の主役である**地球大気**です。以下で詳しく見ていきましょう。

❖ 地表と宇宙の間で

もしも大気がなかったら、宇宙(太陽)から入射するエネルギーと地表から放射されるエネルギーは、図1.17のようにつり合うでしょう。先ほどの図1.16では省略した「地表面での反射」というプロセスを加えました。

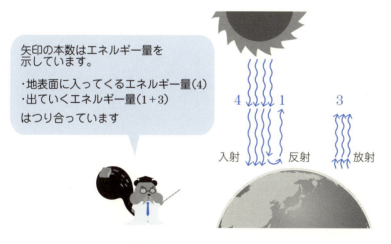

図1.17 入射・反射・放射

しかし実際には地表と宇宙の間に大気(空気・雲など)が入り、反射、放射、吸収を行うため、次ページ図1.18のように複雑な状況になります。この図を分解していきながら、大気の役割を理解してみましょう。図中の数字を指でなぞりながら読んでいただくと理解しやすいと思います。

---

*14 この数値は太陽定数と言って、およそ1360W/m²程度の値です。参照: http://www.pmodwrc.ch/pmod.php?topic=tsi/composite/SolarConstant

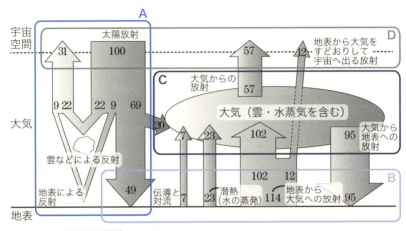

図1.18 入射・放射・反射の内訳

まず**A**の枠内に注目しましょう。太陽から入射するエネルギーを100とすると、雲での反射が22、地表での反射が9ですので、差し引き69が地球に吸収されます。69のうち20が大気に、49が地表に吸収されます。

次に**B**の枠内に注目しましょう。地表からは様々なプロセスによってエネルギーが逃げていきます。地表から空気への伝導および上空への対流によって7、地表で水が蒸発して上空へ移動することによる潜熱の形で23。そして平均気温15℃に応じた放射が114となっています。

おや！明らかにおかしいですね。太陽放射のうち地表に吸収されているのはわずか49だったはずです。これをはるかに超えた（そもそも100をも超えた）エネルギーが逃げているのはどういうわけでしょう？

もちろんその答えは、枠**B**の右端にある**大気から地表への放射**にあります。大気も温度に応じた放射をするのですが、地表に向けた放射量は95もあります。したがって、次のようにつり合いが成り立っています。

● **地表へのエネルギー流入量**
 = 49（太陽から）+ 95（大気から）= 144

- **地表からのエネルギー流出量**
  ＝7（伝導・対流）＋23（潜熱）＋114（放射）＝144

次にCの枠内に注目しましょう。大気に注目すると、太陽からの入射量が20、地表からの流入量が132（伝導・対流7＋潜熱23＋放射102）ですので、合計152のエネルギーが大気に流入しています。一方、地表への放射量95と、宇宙への放射量57によって、合計152のエネルギーが大気から出て行っています。やはりつり合いが成り立っています。

最後にDの枠を見てください。太陽から地球に入射したエネルギー100に対し、反射で31、大気からの放射で57、地表からの放射で12、合計100のエネルギーが地球から出て行っています。このようにしてつり合いが成り立っているわけです。

特に地表の温度に注目すると、15℃だと太陽放射よりも多い（＝114）量の放射をしてしまうわけです。このままではどんどん温度が下がっていきますが、大気から地表への放射（＝95）のおかげで、地表の温度が保たれているわけです。

❖大気が放射を吸収するしくみ

前項で述べたように、地球の温度を一定に保つために大気からの放射がきわめて重要な役割を果たしているわけですが、大気自身の平均温度も一定に保たれていますので、大気へのエネルギー流入も重要な事項となります（それがなければ大気は地表と宇宙への放射のためにどんどん冷えていくでしょう）。

先ほどの図1.18の枠Cをもう一度見ると、大気へのエネルギー流入のほとんどは放射によって占められています。この点をもう少しだけ掘り下げてみます。

太陽からの放射エネルギーは、図1.11に示したように大半が可視光線と赤外線で、紫外線がそれに続きます。大気は、遠くの山が見通せることからも分かるように、可視光線をほとんど吸収せずに素通りさせます。一方で、紫外線や赤外線はそれぞれ特定の分子によってよく吸収されるという性質があります。紫外線はオゾンや酸素に、赤外線は水蒸気に、それぞ

れ吸収されます。

　太陽からの放射が地球大気に入射すると、上空数十kmにあるオゾン層でまず紫外線がほとんど吸収され、さらに地表近くの大気中に含まれる水蒸気に赤外線がほとんど吸収されます。

　さらに、大気を透過した可視光線は地表に吸収されて地表を温めます。温まった地表からは、温度に応じた放射が出ます。これは図1.11に示したように、ほぼ赤外線です。この赤外線が再び大気中の水蒸気に吸収されるわけです。

　このようにして、大気は主に水蒸気による赤外線の吸収によって放射エネルギーを吸収しています。水蒸気と同じように赤外線をよく吸収する物質として、二酸化炭素やメタンなどがあります。これらの物質のおかげで大気はエネルギーを得て、そのエネルギーの一部を地表に戻し、地表を温めてくれているわけです。ですからこれらの気体を総称して温室効果ガスと呼びます。温室効果ガスが増えすぎると、大気から地表への放射量が増えるので地表の温度が上がっていき、逆ならば下がっていきます。

❖朝・昼・晩の気温変化

　ここまでは、地球全体を平均し、しかも1年間を平均すると、宇宙・大気・地表の間で、放出・吸収されるエネルギーがつり合っているという話でした。どこかがつり合っていなければ、エネルギーを過剰に吸収したところの温度が上がっていき、エネルギーの放出量が多くなったところの温度は下がっていくでしょう。ここからは「つり合いが成り立っていない」話を始めます。

　まず1日の気温変化のしくみについて考えてみましょう。よく晴れて風の少ない日は、気温は日の出とともに上昇を始め、昼過ぎ（午後2時など）に最高に達し、その後は明け方までずっと下がります。一方、1日中曇りだったり雨が降ったりしている日は、ほとんど気温が変化しません（図1.19）。このことからも想像できるように、1日の気温変化の大きな要因は太陽からの放射です。

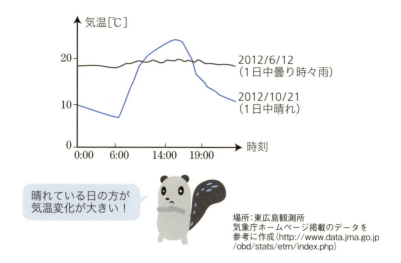

図1.19 1日の気温変化

　日本での太陽の1日の動きを図に表すと、図1.20のようになります。太陽は東の地平線から上り、南の空で高さが最高になり（＝南中）、西の地平線に沈みます。何となく予想できることですが、太陽高度が高ければ高いほど、地表に届く放射エネルギーは大きくなります。これは主に次の2つの要因によります。

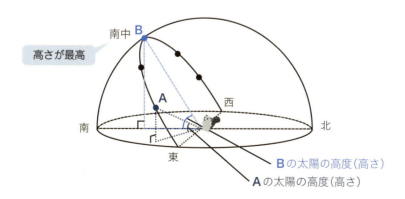

図1.20 太陽の1日の動き（日本の場合）

(要因その1)

　例えば懐中電灯で机を照らすことを想像すると、真上から照らす方が、斜めから照らすよりも机は明るくなるでしょう。懐中電灯から出る光の量は一定なので、できるだけ狭い面積で受ける方が明るくなるというわけです。懐中電灯を太陽、机を地表に置き換えれば、同じことがそのまま成り立ちます（図1.21）。

図1.21 光の角度と明るさ

(要因その2)

　太陽光は地球の大気中の分子やチリによって散乱されます。散乱とは、光の進む向きが別の方向に曲げられるということです。太陽光が地表に対して真上から来る場合よりも斜めから来る場合の方が、太陽光が大気中を進む距離が長いですね。そうすると、太陽光はより多くの分子やチリに散乱を受けるため、地表に達する頃には弱くなってしまいます（図1.22）。

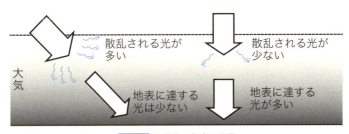

図1.22 太陽光の角度と光量

地表に達する太陽放射のエネルギーが最大になるのは、太陽高度が最高になる時刻（正午ごろ）だと分かりました。ということは、気温が最高になるのも正午ごろ…？　いえいえそれは早合点です。気温について知りたい場合には、**大気が吸収・放出するエネルギー**を考えねばなりませんね。前節で見てきたように、大気が吸収するエネルギーの大半は地表からの放射によるものでした。

ですからまず、地表の温度がどういう風に変動するのかを考えてみましょう。地表からの放射エネルギーは地表の温度で決まり（シュテファン・ボルツマンの法則）、地表の温度は「地表が吸収するエネルギー」と「地表が放出するエネルギー」のバランスで決まります。このように考えて両者の1日の推移を計算し、グラフにしてみました（図1.23）。なお、本来は「地表が吸収するエネルギー」は、「太陽からの放射」と「大気からの放射」で主に成り立っていますが、この計算では「大気からの放射」については考えていません。

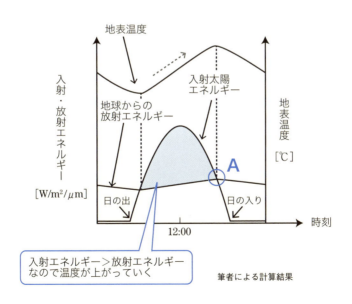

図1.23 地表温度と入射・放出エネルギーの推移

グラフにも表れているように、入射エネルギーは正午を過ぎると減少していきますが、当分は放射エネルギーを上回っているため、地表の温度は上昇を続けます。この大小関係が逆転するのが図の**A**の時刻で、その後は「放射エネルギー＞入射エネルギー」となるので、ようやく地表の温度が下がっていきます。このようにしてゆっくり温まった地表から大気へとエネルギーが伝わっていくわけですから、気温が最高になる時刻はさらに遅れますね。

また、図1.23からは、明け方頃がもっとも低温になるということも読み取れます。もちろんこれは、夜間は太陽からエネルギーが入射しないのに地表から放射でエネルギーが出続けるためです。このようにして、夜間に地表からの放射でエネルギーが失われ、地表温度が下がっていくことを放射冷却と言います。

もちろんこの計算は、前節で述べた「大気中の雲や水蒸気による温室効果」は考慮していませんので、放射冷却がよく効くのはよく晴れて乾燥した日の夜に限られます。地域や季節によりますが、よく晴れた夜の翌朝に霜が降りていたり、霧が発生したりということがあると思います。これは放射冷却で冷えた地面で水が凍ったり（＝霜）、水蒸気が凝結したり（＝霧）しているわけです。ちなみに放射冷却によって生じた霧のことを放射霧と呼びます（図1.24）。

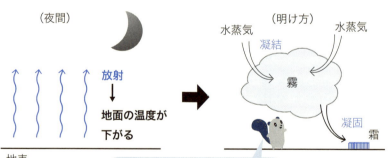

図1.24 放射冷却

なお、実際の気象現象においては、大気中の水蒸気のほかに、地表付近で吹く風の役割が重要になります。例えば昼間、高温になった地表に触れた空気には伝導でエネルギーが伝わります。もしここで適度な風が吹いていれば、エネルギーを受け取った空気が地上数mの範囲でかき混ぜられ、気温（通常、地上1.5mで測定します）が速やかに上昇します。同じことは放射冷却が起こる夜にもあてはまります。風があると、放射冷却によって冷えた地表付近の空気が上の方の空気と混ぜられるため、地表付近の気温があまり下がらない、といったことが起こります。

　もし放射冷却がよく効いている夜に風がほとんど吹かなければ、地表の温度は放射のために低下し、地表のごく近くの温度は伝導によってやはり低下しますが、それより上空の空気の温度は十分に低下しません。その結果、上空に行くほど温度が高いという、通常とは逆の状況が起こります。このような大気の層のことを逆転層と呼びます（特に地表にまで達している逆転層は接地逆転層と呼びます）。第3章で述べるように、逆転層では非常に上昇気流が起こりにくいため[*15]、煙突から出る煙がこの逆転層の下端に沿って横に伸びていくなどといった現象が見られます。

❖春夏秋冬の気温変化

　1日の中で気温が上がり下がりするように、1年の中でも気温が上がり下がりしますね。その理由を見ていきましょう。四季があるのは日本だけではありませんが、まずは「日本のあたり」を意識して読み進めてみてください。

　地球は24時間周期の自転をしながら、太陽の周りを12ヶ月かけて公転しています。公転軌道はほぼ太陽を中心とした円形です。自転の軸（地軸）が公転面に対して垂直から約23.4°傾いているため、次ページ図1.25に示すように6月と12月では日本と太陽の位置関係が大きく異なります。6月の方が南中高度が高く、かつ昼間の時間が長いため、明らかに日本に入射する太陽放射のエネルギーは6月の方が多くなります。このことは、もしも地軸が公転面に対して垂直だったら…と想像してみるとより理解できるでしょう。

[*15]　138ページ：「安定な大気、不安定な大気」における「絶対安定」の条件が成り立つためです

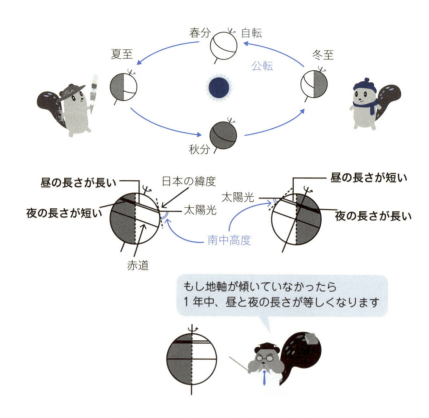

図1.25 春夏秋冬の地球（日本）と太陽の位置関係

　太陽の南中高度が最も高くなる日を夏至と言い、最も低くなる日を冬至と言います。北半球ではそれぞれ、およそ6月21日か22日、12月21日か22日になります。

　しかし年間の最高気温や最低気温を記録する日は、夏至や冬至よりも1〜2ヶ月程度遅れます。この理由は前節での「1日の最高気温が正午より遅れる理由」と同様で、例えば7月には太陽からの入射エネルギーが地球からの放射エネルギーを上回っているので、夏至の日を過ぎても気温が上がり続ける…というようになっています。

❖緯度による気温の違い

ここでは、時間とともに気温が変化する話ではなく、場所によって気温が異なるということについて触れたいと思います。

例えば春分や秋分の日に地球に降り注ぐ太陽放射をイメージしましょう。これらの日は、図1.26のようにちょうど地球の真横から太陽光があたるような日ですから、地球上のどの地点でも昼・夜の長さが12時間ずつになっています。しかし、太陽の南中高度は赤道では90°（頭の真上）ですが、高緯度になるにつれて下がっていくことが分かります。すなわち高緯度地域ほど、入射角度と散乱の影響で太陽からの入射エネルギーが少なくなります。季節によって気温が変化するのと同じしくみですね。

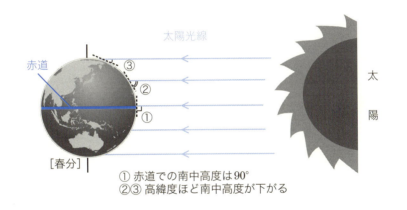

① 赤道での南中高度は90°
②③ 高緯度ほど南中高度が下がる

図1.26 緯度と入射エネルギー

もちろん、例えば北半球の地域であれば、6月頃にはもっと多くの入射エネルギーを得ることができますが（これが夏ですね）、12月頃には逆の状況（冬）になってしまうわけですから、1年間を平均するとだいたい太陽からの放射エネルギーは、赤道付近にたくさん与えられ、高緯度の地域にはあまり与えられないということが成り立ちます。地球に与えられる太陽からの放射エネルギーと地球から放射されるエネルギーを人工衛星で観測し、緯度ごとに表したのが次ページ図1.27のグラフです。

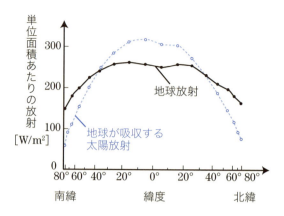

図1.27 地球が吸収・放出する放射の緯度分布

　非常に面白いことに、低緯度地域では入射エネルギーの方が多くなっており、高緯度地域ではその逆になっています。このままでは低緯度地域の温度は年々上昇していき、高緯度地域の温度は年々下降していくことになりますが、実際にはそのような傾向はありません。これはつまり、低緯度地域から高緯度地域へと熱エネルギーを運搬するしくみがあるということです。具体的には、南北方向の大規模な風（通常は循環と言います）や海流です。特に循環については第2章*16であらためて述べることとします。

❖高度による気温の違い

　再三述べてきたように、大気が温まる主な原因は大気が放射を吸収するからです。この吸収は大気中のどこでも均等に起こるのではなく、高度によってかなりばらつきがあります。その結果、大気の温度は高度によって次の図のような分布になっています。低高度から順に、対流圏（約11km以下）、成層圏（約11～50km）、中間圏（約50～80km）、熱圏（約80km～500km）と名前が付いています（図1.28）。

＊16　105ページ：地球規模の大気の流れ「循環」

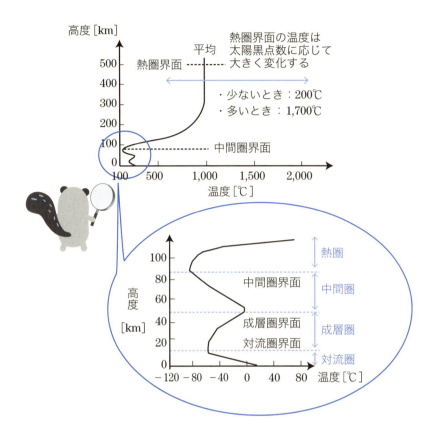

上図は『一般気象学』（小倉義光著、東京大学出版会）を参考に作成、
下図は『理科年表 平成27年』（国立天文台編、丸善出版）を元に作成

図1.28 高度による大気温度の違いとそれぞれの層の名前

　もちろん、高山に登ると空気の薄さを感じることからも分かるように、500kmまでびっしりと地表と同じような空気が満たされているわけではありません。密度（1m³あたりの空気の質量）で表現すると、海抜0mの空気に比べて11kmでは30%、50kmでは0.08%、80kmでは0.002%…のように上空ほど空気は非常に薄くなっています。また、大気の組成は80km程度まではだいたい地表と同じ（窒素78%・酸素21%・その他1%）ですが、それより上空では軽い気体の割合が増えていきます。

> ### 重い気体・軽い気体
>
> 　本文中に「軽い気体」とありますが、これはあいまいな表現で、本当は「同じ分子数で比べたとき、質量が小さい気体」と表現すべきでした。
> 　このようなことを考える際に便利なのが**分子量**という数値です。分子量とは、窒素は28、酸素は32、ヘリウムは4、水素は2…のように気体ごとに決まっている値です。例えば「酸素の分子量は32」とは、「酸素分子が1モル（6.0×10^{23}個）あると、その質量は32gになる」という意味です。ですから本文中の「軽い気体」というのは、正しくは「分子量の小さい気体」というのが正しいです。
>
>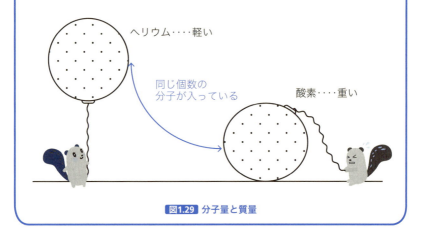
>
> **図1.29** 分子量と質量

　温度がこのような分布をもつ理由は、一言で述べると太陽や地表からの放射が大気に吸収される場所に偏りがあるためです。図1.18で詳しく見たように、対流圏においては、太陽放射の半分程度（特に可視光線）は素通りして地表に吸収されます。温められた地表からは赤外線が放射され、これが大気（特に水蒸気）に吸収されていきます。大気は下からやってくる赤外線の一部を吸収するとともに、地表や上空に向かって赤外線を放射します。

さらに、この他にも伝導や対流など地表を源としたエネルギーの伝わり方がありますから、それらの影響も無視できません。これら色々な要素が合わさって、結果的に対流圏においては平均的に「1km上昇すると温度は約6.5℃下がる」という関係が成り立っています（このような「1kmあたり気温が何℃下がるか」という割合を**温度減率**と呼びます）。これは平均的な状況ですので、例えば40ページで触れたように放射冷却がよく効く日などには全く違う温度分布になることもあります。

高さと温度の関係

高さとともに温度が低下するという関係は、シュテファン・ボルツマンの法則[*17]を使って次のように考えると、ある程度は定性的に理解することができます。

まず、次ページ図1.30のように大気を水平にスライスして、いくつかの「層」に分けたとイメージしましょう（いくつでもよいのですが、ここでは3つとしました）。

図（a）のように、宇宙空間から地表に向かって大気層に1, 2, 3と番号をつけ、それぞれの大気層の絶対温度を T_1, T_2, T_3 とおきます（これらの大小関係を知るのが目標です）。地面の絶対温度は T_G とします。図（b）では、大気層間のエネルギーのやりとりを見やすくするため、隣り合う大気層どうしを少し離して表現しています。

次に、エネルギーのやりとりを、以下のように単純なモデルで考えてみます。

(1) 太陽放射は大気を素通りして、地面に全て吸収される。
(2) 地面からは上向きに放射が起こる。
(3) それぞれの大気層に上下の層から流入する放射は、全てその大気層に吸収される。
(4) それぞれの大気層では、自らが上下の層に向かって放射するエネルギーと、上下の層から流入するエネルギーがつり合っている。

---

*17 　20ページ：放射

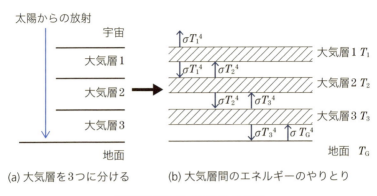

(a) 大気層を3つに分ける　　(b) 大気層間のエネルギーのやりとり

図1.30 大気層とエネルギーの移動

　色々と単純化していることが分かりますね。34ページで見てきたように、太陽放射は実際には途中の大気層にも吸収されていますし、大気層も上下から流入する放射を全て吸収するわけではなく、一部は素通りします。ですからこれは「どんな感じになるか、傾向を見る」ための計算です。

　さて、シュテファン・ボルツマンの法則によると、$1m^2$の表面から1秒あたりに放出される電磁波のエネルギー量は絶対温度の4乗に比例するのでした。つまり、絶対温度をT、比例定数をσ（シグマ）とすると、放出されるエネルギー量Iは$I=\sigma T^4$と表せます。ですから例えば大気層1からは、上下にσT_1^4のエネルギーが放出されているということになります（$1m^2$の表面から1秒あたり）。このエネルギーの流れを、図（b）に矢印で示しました。

　では、各大気層に対して **(4)** のつり合いを表す式を立ててみましょう。このような場合、いっぺんに図の全体を見てしまうのではなく、注目する大気層の近くだけを見るのがこつです。例えば大気層1には下からσT_2^4のエネルギーが流入する一方、上下にσT_1^4のエネルギーが流出していますので、これらがつり合うとは「$2\sigma T_1^4=\sigma T_2^4$」が成り立つということです。

このように考えていくと、次の3つの式が成り立ちます。

大気層1： $\quad 2\sigma T_1^4 = \sigma T_2^4 \qquad \cdots ①$

大気層2： $\quad 2\sigma T_2^4 = \sigma T_1^4 + \sigma T_3^4 \qquad \cdots ②$

大気層3： $\quad 2\sigma T_3^4 = \sigma T_2^4 + \sigma T_G^4 \qquad \cdots ③$

これらの式から、T_1, T_2, T_3 の大小関係を調べます。まず①からすぐ分かりますが、$T_1 < T_2$ ですね（T_1^4 を2倍して T_2^4 に等しくなるわけですから、T_1^4 の方が T_2^4 よりも小さい、すなわち T_1 の方が T_2 より小さいというわけです）。次に①の両辺を2で割って「$\sigma T_1^4 = \frac{1}{2}\sigma T_2^4$」とし、これを②の右辺の「$\sigma T_1^4$」に代入すると、

$$② \rightarrow 2\sigma T_2^4 = \frac{1}{2}\sigma T_2^4 + \sigma T_3^4$$
$$\rightarrow \frac{3}{2}\sigma T_2^4 = \sigma T_3^4$$

となります。先ほどと同様に考えると、$T_2 < T_3$ であることが分かります。同じことを③の式にも行うと、$T_3 < T_G$ であることも分かります。

このようにして

$T_1 < T_2 < T_3 < T_G$

であることが分かりました。このように大気を層に分けて、流入・流出する放射エネルギーがつり合っていると考えると、必然的に<u>上空ほど温度が低い</u>という状態が導かれるわけです。

ただし、上でも述べたようにこのモデルは実際の大気をかなり単純化していますので、現実と合わない部分もあります。特にこのモデルにはオゾン層が入っていませんので、この後述べる「上空ほど温度が高くなる」という成層圏の特徴が表せていません。対流によって、地表近くの大気がかき混ぜられること（大気の温度減率が小さくなります）も含まれていません。これらもろもろの効果が合わさって、本文で紹介しているような現実の大気の温度分布ができあがっています。

成層圏には、**オゾン**という気体がたくさん集まった**オゾン層**があります。「たくさん」といっても、付近の大気組成のわずか0.0001%程度に過ぎませんが、このオゾン層が重要な役割である紫外線の吸収を果たします。オゾンは酸素原子3つでできたO_3という分子で、オゾン分子が分解して酸素分子O_2になったり、酸素分子からオゾン分子が生成したり…ということが起こります。このときに紫外線を吸収するため、温度が上がっていきます。吸収される紫外線の波長は、オゾンが分解するときは$0.32\mu m$以下、生成するときは$0.24\mu m$以下と決まっています（図1.31）。

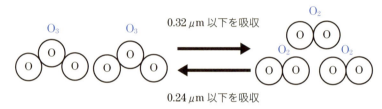

図1.31 酸素分子とオゾン分子は行き来自由

　オゾンの量そのものは高度25kmあたりに最も多いのですが、紫外線は上空から降り注いでいて、その吸収も上空から順番に起こるため、紫外線の吸収量は高度25kmよりももっと上空で最大になります。また、上空ほど大気の密度が低い（同じ体積内に含まれる分子の数が少ない）ので、少しのエネルギーを吸収するだけですぐ温度が上がります。これらの兼ね合いによって高度50kmあたりの温度が一番高くなっています。ここより上の中間圏においては、オゾン層ほど効果的に電磁波を吸収する部分がないため、単純に高度とともに温度も下がっていきます。

　最後の熱圏では、オゾン層で吸収されるよりももっと短い波長（$0.1\mu m$以下）の紫外線がよく吸収され、それによって温度が上がります。この吸収は太陽に近い大気から順に行われますので、熱圏では高度が高いほど温度も高い傾向になっています。図1.28に示したように、太陽活動が活発なときとそうでないときで最高温度が極端に違いますが、これは太陽からの紫外線の量が大きく変動することを反映しています。

ここまで、地表から上空に向かって温度構造を説明してみましたが、まとめにかえて「太陽からの放射がどうなるか」という順番で見直してみましょう（図1.32）。

太陽からの放射が地球に達すると、まず熱圏上部から下部にかけて波長0.1μm以下の紫外線が吸収され、その後成層圏のオゾン層で波長0.32μm以下の紫外線が吸収されます。可視光線はほとんど大気を素通りして地表で吸収されますが、温まった地表から放射される赤外線は、対流圏下部の大気に順次吸収されます。つまり、大ざっぱに言って「熱圏上部」「成層圏上部（オゾン層）」「対流圏下部（地表付近）」の3ヶ所でよくエネルギーが吸収されるため、これら3ヶ所の温度が高くなり、間の高度では温度が低くなっている…というイメージが成り立ちます。

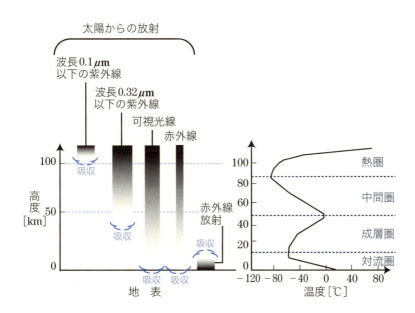

図1.32 太陽放射の吸収と温度の高度分布

> **まとめ　気温は放射で決まる**
>
> 　地球の気温を決める第一の要因は、太陽から「放射」の形で受け取るエネルギーです。これと地球からの放射エネルギーの量がつり合うところに温度が落ち着きます。1日の中での気温変化、1年の中での気温変化、緯度や高度による気温の違いについても、基本的には同じ原理で理解を試みてきました。
>
> 　ただし、再三出てきたように、大気自身がこのメカニズムの各部分に大きな影響を与えています。例えば温室効果、風によるかくはん、低高度の太陽光の散乱、大規模な循環による熱エネルギーの輸送などです。次の章では「気圧」に着目して、空気層の成り立ちや空気の運動（＝風）についての理解を試みます。

Column 気温の予想

　気象庁では、毎日の最低気温と最高気温の予想を発表しています。この章で見てきたように、地上の気温は基本的に太陽からの放射と地上からの赤外線放射で決まります。晴れた日には太陽放射が強く気温が上がり、赤外線放射量とのつり合いの取れる午後に最高となって、その後は太陽放射が弱くなり赤外線放射量のほうが大きくなって気温が下がります。夜にはさらに赤外線放射により温度が下がり、それは日の出以降に太陽放射による加熱が始まるまで続きます。つまり最低気温となるのは日の出前となるわけです。曇りの日は、太陽放射が弱いためになかなか気温が上がらないかわりに、夜は地上からの放射と雲からの放射がつり合うために、朝の気温はあまり下がりません。しばしば冬の朝に「この冬最低の気温となったのは、晴れて"放射冷却現象"が発生したためです」などと気象キャスターが解説しますが、「放射冷却」という現象は夏でも冬でも昼でも夜でも常に発生していて、それがどれだけ進むかで最低気温が決まります。

　このため、当たり前のことですが、気温の予想にはまず天気が晴れるか曇るかの予想が大事になります。雨の日は水蒸気が大気中の熱を奪うために（気化熱）、曇りの日よりもさらに気温は上がりません。前線の通過など、その場所の気団が変わるような現象がないかを考慮した上で、同じような気圧配置でもその日が晴れるか曇るかで気温予想を変えています。

　もう1つ大事なのは風向きの予想です。東京や大阪などの大都市に限らず、海の近くには数多くの都市があります。陸地は日中の太陽放射によりすぐに温まりますが、海（水）は太陽放射を受けてもすぐには温まりません。このため夏の日中など、海からの風が吹くと気温の上昇が押さえられることがあります。

図1・図2は、2013年8月11日と12日の天気図です。両日共に、いわゆる「鯨の尾型」と呼ばれる典型的な夏の気圧配置となっています。

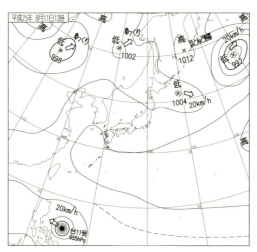

図1 2013年8月11日12時の天気図

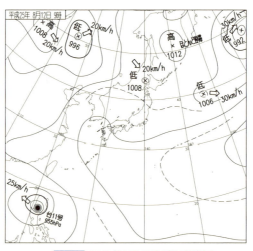

図2 2013年8月12日9時の天気図

図には示しませんが、上空の気温もどちらの日も同程度です。ところが、11日の最高気温は38.3度と非常に高い気温となったのに対し、12日は2.5℃低い35.8℃までしか上がりませんでした。11日の気温の変化と風向を見てみましょう（図3）。8月11日は朝は内陸である北西からの風、その後は南よりの風で比較的暖かい東京湾からの風となっていました。一方、8月12日は外海で比較的温度の低い茨城方面からの風となる北東や東の風が昼過ぎまで吹いていました。このため、気温は前日ほど上がらなかったというわけです。

大きな場の気温の変化、その日の天気、風向きを考慮してようやくその日の最高気温と最低気温の予想ができ上がるということになります。

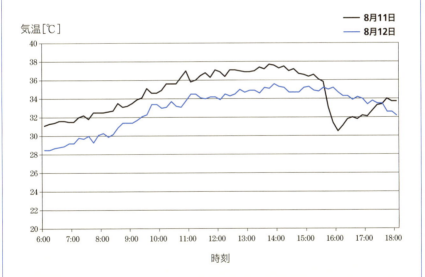

	6:00	7:00	8:00	9:00	10:00	11:00	12:00	13:00	14:00	15:00	16:00	17:00	18:00
8月11日	北西	北北西	北西	北北西	西	南南西	南南東	南南東	南	南南東	西南西	南	北西
8月12日	北東	北北西	北北東	北	北北東	北東	東	東	南南東	南東	南東	南東	南東

図3　気温と風向

気圧と風
荒れる天気のきっかけは「気圧」から

　気象について考える際に、気温と並んで表に出てくるのが気圧ですね。この章では気圧についての理解を深めていきましょう。

2.1 気圧に関する物理法則

❖そもそも気圧って何？

　気圧とは、文字通り**気体が押してくる力**という意味です。第1章で見たように、酸素や窒素などの気体分子は温度に応じた勢い（運動エネルギー）をもって飛び回っています。気体分子は何かの物体に当たるとはね返りますから、その際に物体は「たたかれる」わけです。この「物体がたたかれる力」が気圧の正体です。

　「でも、気体分子って、すごく小さくて軽いんじゃないの…？」と思われるかもしれません。その通りです。気体分子は小さくて軽いので、1個の分子が1回衝突したぐらいでは大した力にはなりません。ところが気体分子は非常に数が多いので（例えば地表近くの空気1cm^{3}の中に、気体分子は数千京個もあります）、一つひとつの力は弱くても、力の合計はそれなりに大きな力になるのです（図2.1）。ドアの前に大勢が押しかけて、全員でノックする様子をイメージしてみてください。1人1人は軽くたたいていても、全員分の力を合計すると大きな力になりそうだと想像できますよね。

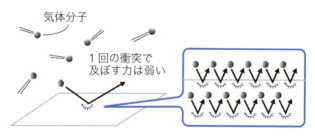

図2.1　大量の気体分子から気圧は生じる

ちなみに、海に潜ると感じる**水圧**も、同じしくみで発生しています。水の分子が水中の物体に当たってはね返るときに、物体を押すのです。この力の合計が水圧ということになります。

ここまでで気づいていただきたいことは、気圧（水圧もですが）は「上から押してくる力」というわけではなく、どの方向からも押してくる力なのだということです。例えば空気中に風船があるとすると、風船は図2.2のように四方八方から押しつぶされるような力を受けます。また逆に、風船の中の気体は風船を全方向に押し広げようとします。

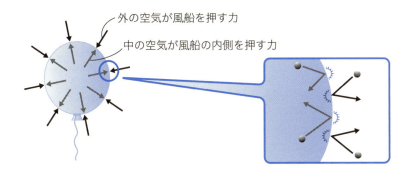

図2.2 空気中の風船が受ける気圧

次に気圧の大きさ（強さ）について考えていくための準備をします。まず単位ですが、力は**N(ニュートン)** という単位で表すのに対し、圧力は**Pa(パスカル)** という異なる単位で表します。「$1m^2$あたり」というところがポイントです。

$$
\begin{aligned}
1Pa(パスカル) &= 1N/m^2(ニュートン毎平方メートル) \\
&= 1m^2 あたりを1Nで押す力 \\
&≒ 1m^2 あたり0.1kgの重さがかかる^{*1}
\end{aligned}
$$

ですから、例えば「100Pa」は「$1m^2$あたりを100Nで押す力」という意味になりますし、「$3m^2$の面が100Paで押されている」場合には、その面には300Nの力がかかるということになります（次ページ図2.3）。

---

*1 質量1kgの物体にかかる重力（重さ）はおよそ10Nです。ですので1Nはおよそ0.1kgの物体にかかる重力と同じになるというわけです。なお、本文中で「0.1kgの重さがかかる」と表現していますが、正式には「0.1kg重の重さ」とか「0.1kg重の力」と表します。ただ、本書では「kg」と「kg重」をあまり区別せずに進めます。また、より正確な値は 1kg重 ≒ 9.8N です

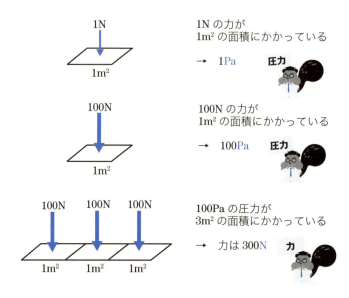

図2.3 圧力と力の関係

ところで、天気予報などでよく見聞きするのは「1000hPa(ヘクトパスカル)」をちょっと超えたぐらいの数値だと思います。h(ヘクト) というのは「100」という意味ですので、これは「100000Pa(10万Pa)」ということです。ちなみに「1気圧」という呼び方もありますが、これは「1気圧 = 1013.25hPa」で定義される単位です。

1気圧というのはけっこう強い力なんですよ。以下の計算式から分かるように、1cm²を1kgで押す力、つまり手のひらぐらいの大きさ (30cm²) ならば30kgで押す力になります。なお、ここでは大ざっぱな計算をするために、1013.25hPaではなくて1000hPaとしています。

$$\begin{align} 1000\text{hPa} &= 100000\text{Pa}(10万\text{Pa}) \\ &= 1\text{m}^2 を10万\text{N}で押す力 \\ &\fallingdotseq 1\text{m}^2 を1万\text{kg}(10トン)で押す力 \\ &= 1\text{cm}^2 を1\text{kg}で押す力 \end{align}$$

実際の気象現象においては、気圧の大きさそのものよりも気圧差の方が重要になってきます。例えば隣接する空気との間に気圧差が1hPaだけあったとしましょう。その場合は、先ほどの計算の1000分の1の「1m²あたり10kg」の力の差が境目にかかります（図2.4）。この力が大きいか小さいかを判断するのは難しいですが、今から扱う気象現象にはこのぐらいの力が関係しているのだなとイメージしていただくとよいと思います。

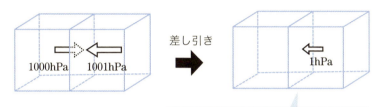

気圧差1hPaの圧力が境目の面にかかる

図2.4 空気の境目にかかる気圧差

❖気圧は自由に決まらない─状態方程式

　さて、実際の大気について考えていく前に、あと1つ準備が必要です。それは**気体の状態方程式**という関係式で、次のように表されます。

$$p = \alpha \cdot \rho \cdot T$$

$p\,[\mathrm{Pa}]$：気体の圧力
$\rho\,[\mathrm{kg/m^3}]$：気体の密度：地表付近の空気なら
　　　　　　約$1.2\,\mathrm{kg/m^3}$（$1\mathrm{m^3}$あたり$1.2\mathrm{kg}$）
$T\,[\mathrm{K}]$：絶対温度
α：気体の種類で決まる定数

ρは「ロー」と読みます。密度を表すギリシャ文字です

　この式を使うと圧力p、密度ρ、絶対温度Tのうちどれか2つが決まれば、残り1つが自動的に決まるということが分かります。例えば次のように使います。

(1) ある状態の気体を、絶対温度Tを変えずに圧力pを2倍にすれば、密度ρも2倍になる。

$$p = \alpha \cdot \rho \cdot T$$

　　　　　　　2倍　＝　2倍　一定

(2) ある状態の気体を、圧力pを変えずに絶対温度Tを2倍にすれば、密度ρは半分になる。

$$p = \alpha \cdot \rho \cdot T$$

　　　　　　　一定　＝　$\frac{1}{2}$倍 2倍

状態方程式 $pV = nRT$

　状態方程式は、高校の物理や化学の時間には「$pV=nRT$」という形で習うことが多いと思います。また、一般向けの気象の本にもこの形で紹介されていることがあります。

$pV = nRT$
p[Pa]：気体の圧力
V[L]：気体の体積
n[モル]：気体の物質量（気体分子が何モルあるか、という数値）
T[K]：絶対温度
R：気体定数（気体の種類によらない定数）

　本書では気体の密度と温度・圧力の関係を利用したいので「$p=\alpha\rho T$」という形の式を用いますが、この式は「$pV=nRT$」を変形して得られたものです。以下にそのプロセスを記します。

注目している気体の質量をw[g]、分子量をMとします。分子量とは、気体分子1モルで質量が何gになるか…という数値です[*2]。つまりこの気体は1モルで質量がM[g] になるということです。するとnモルの気体の質量は$n×M$[g] ですから、

$$w = nM \quad すなわち \quad n = \frac{w}{M}$$

となります。このnを「$pV=nRT$」のnに代入すると

$$pV = \frac{w}{M} \cdot RT$$

$$\Downarrow$$

$$p = \frac{R}{M} \cdot \frac{w}{V} \cdot T$$

となります。ここで$\frac{w}{V}$は「1Lあたり何gか」という意味ですから、密度を表します。本文で用いた密度ρは単位が[kg/m³] ですので「1m³あたり何kgか」という意味ですが、1m³ = 1000L、1kg = 1000gなので、ρ[kg/m³] は$\frac{w}{V}$[g/L] と同じ値になります。したがって、

$$p = \frac{R}{M} \cdot \rho T$$

となります。この$\frac{R}{M}$をαと表したのが、本書で用いる状態方程式です。

---

*2　46ページコラム：重い気体・軽い気体

❖ 上空では気圧が低いシンプルな理由

では実際の大気において、気圧がどのように決まっているのか見ていきましょう。気圧そのものはここまで述べてきたようにランダムに飛び回る空気の分子が物体をたたく力ですが、ある地点における気圧の大きさを求めたい場合には、以下のようにしてその地点の上にある空気の重さをイメージするのがよろしいです。上にある空気を支える力が気圧です。

まず、ごく簡単にイメージしてみます。前章で紹介したように、地面の上には対流圏から熱圏まで500kmにわたって大気が存在していますね。ですから、海抜0m付近の地点には500kmぶんの大気の重みがのしかかってきているわけです。もっとも、上空では大気はかなり薄くなっていますので、実際には地表近くの数10kmぶんの重みと考える方が妥当なイメージでしょう。このように考えると、例えば高さ1000m(1km)の山の上にのしかかる大気は平地よりも1kmぶん少ないと言えますので、山の上では気圧が低くなるのもうなずけます（図2.5）。

なお、ある地点の上空に存在する空気のことを気柱と呼びます。空気の柱というイメージです。のしかかってくる気柱の重みを支えるのが、その地点における気圧である、と考えるわけです。

ちなみにこれは、海の深いところほど水圧が大きく、浅いところでは水圧が小さいというのと同じ原理です。空気だと「のしかかる」という実感がつかみにくい方は、水のイメージで感じをつかんでいただくとよいのではと思います。私たちは「空気の海の底」に暮らしているのだ…というイメージです。

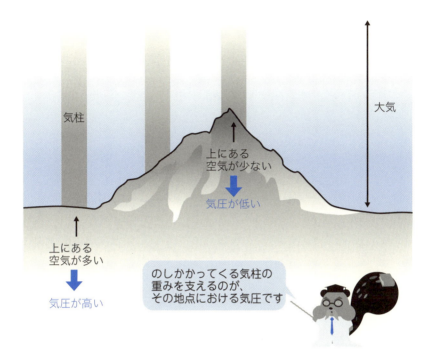

図2.5 気圧のイメージ

　ではもう少し詳しく、高さと気圧の関係を見ていきます。これは気柱をスライスして各パーツにかかる力のつり合いを考えるというもので、**静力学平衡（または静水圧平衡）** と呼ばれる考え方です。気象学の本の最初の方にたいてい載っていて、数学的な操作が多少難しいのですが、ここではそのエッセンスをかみ砕いてみます。

　まず、ある高度にある「1辺が1mの空気塊」を想像しましょう（底面積$1m^2$の気柱を、高さ1mの幅でスライスしたとイメージしてください）。この体積$1m^3$の空気塊には、上下面や側面から大気圧がかかります。さらに、空気にも重さ（重力）がかかります（地表付近での密度は$1.2kg/m^3$程度です）。この重さを支えるためには、空気塊を押し下げる大気圧①（↓）よりも押し上げる大気圧②（↑）の方が1.2kgぶんだけ強くなけれ

ばなりません。一方、空気塊の側面を押す大気圧は、互いに打ち消し合って合計がゼロになります。以上をまとめると図2.6のような状況になります。

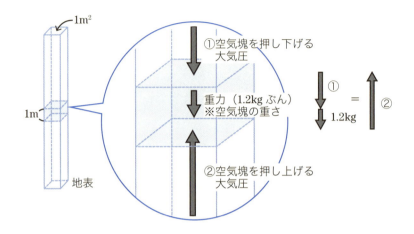

図2.6 1m³の空気塊にかかる力のつり合い（静力学平衡）

ここまでで分かることは、地表付近では「高さが1m上がるごとに大気圧が1.2kgぶんだけ下がる」ということです。ただし、この表現は単位がおかしいので今から正しい表現に直します。

圧力の単位を思い出しましょう。

$$1\text{Pa} = 1\text{m}^2 \text{あたり} 1\text{N で押す力}$$
$$\fallingdotseq 1\text{m}^2 \text{あたり} 0.1\text{kg の重さ}$$

いま考えている空気塊の上下の面は、面積がちょうど1m²ですから、図2.6の状況は次のように正確に言い換えていくことができます。

②＝①＋1.2kg（図2.6）　より、
→　②＝①＋「1m²あたり1.2kg」
→　②＝①＋「1m²あたり12N」
→　②＝①＋12Pa

つまり、「②の方が①より12Paだけ強い」あるいは「①の方が②より12Paだけ弱い」ということですね。つまり「地表付近では高さが1m上がるごとに大気圧は12Paだけ下がる」ということになります。

この計算だと、例えば高さ1000mの山頂では、地表よりも12×1000＝12000Pa＝120hPaだけ大気圧が低いことになります。地表の気圧をおよそ1013hPaとすると、1013－120＝893hPaとなります。気象庁のホームページで公開されている観測データ[*3]を閲覧したところでは、海抜999mの軽井沢の観測所での気圧は平均900hPa程度のようですので、比較的よく合っていると言えそうです。

その他の観測所のデータも含めて、この単純な計算値と実測値の比較をしてみますと、図2.7のようなグラフになります。富士山のデータと計算値が飛び抜けて一致していないほか、よく見ると標高900mあたりから計算値と実測値のずれが徐々に大きくなっているようですね。これは上空の空気ほど密度が低いため、標高が高くなったときの気圧の下がり方（1mあたり12Pa）が小さくなるということを表しています。

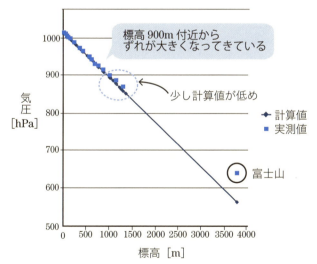

図2.7　気圧の計算値と実測値のちがい

[*3]　実測値：http://www.data.jma.go.jp/obd/stats/etrn/index.php、観測所の標高：http://www.jma.go.jp/jma/kishou/know/amedas/kaisetsu.html

「高さが上がれば密度は下がる」は本当？

本文中で「上空の空気ほど密度が低い」ということを述べました。ごくごく単純にイメージすると「大気の下層ほど上にのしかかる空気の量が多いので、圧縮されて（つぶれて）いるから」というふうに納得しやすいのですが、まじめに考えると意外とややこしくなっていることに気づきます。以下では「高さが上がれば密度が下がると言えるかどうか」を吟味してみたいと思います。

気体の圧力 p・密度 ρ・絶対温度 T は、

$$\text{状態方程式}: p = \alpha \cdot \rho \cdot T$$

を満たします。高さが上がると圧力 p が下がるのは図2.6からも分かる通りです。ところが「p が下がれば ρ も下がる」ということは、状態方程式からは言えません。というのも、例えば p が $\frac{1}{4}$ 倍になったときに T も $\frac{1}{4}$ 倍になれば、ρ は変化しないことになるからです（例1）。

もちろん、p が $\frac{1}{4}$ 倍になったときに T が $\frac{1}{2}$ 倍にしか低下しなければ、状態方程式の「＝」が成り立つために ρ が $\frac{1}{2}$ 倍に低下します（例2）。このあたりの計算は「気圧は自由に決まらない—状態方程式（61ページ）」で行ったものと同様です。

p の変化に対する ρ , T の変化具合の例1

$$p = \alpha \cdot \rho \cdot T$$

$\frac{1}{4}$ 倍 ＝ 一定 $\frac{1}{4}$ 倍

pの変化に対するρ,Tの変化具合の例2

$$p = a \cdot \rho \cdot T$$

$\boxed{\frac{1}{4}倍} = \boxed{\frac{1}{2}倍}\boxed{\frac{1}{2}倍}$

　このことから分かるように、「pが下がればρが下がるかどうか」は、実はTの下がり具合によって決まるわけです。Tの下がり具合、すなわち温度減率については第1章で詳しく述べましたが[*4]、放射や対流その他の事情で図1.28のようになることが分かっています。この温度減率（例えば対流圏では1kmあたり6.5℃）は、圧力の下がり具合に比べるとゆるやかなので、圧力が下がるのに伴って密度も下がるわけです。

　このように、気象現象においては、1つの値を決めるために2つ以上の要因が関与している（ここではρを決めるためにpとTが関与している）ことが多いので、何が何の原因になっているかを決めることが難しかったりします。このコラムでは温度減率は決まっているものとして取り扱いましたが、温度減率の決まり方にも実際には密度が関係しています（放射の吸収量や温度上昇のしやすさに関係します）ので、原因と結果が入り乱れているとも言えるでしょう。気象というのはそういうものだということを、少し頭に留めておいていただけるとよいと思います。

[*4]　44ページ：高度による気温の違い

❖ 浮力はいつでもかかっている

　静力学平衡が成り立っている大気において適当な大きさの空気塊に注目すると、この空気塊には「自らの重さ（空気塊が受ける重力）」と「上下から押してくる大気圧の差」がかかっており、これらの力がつり合っているのでした[*5]。一般に、空気塊にかかっている気圧差による力のことを<u>気圧傾度力</u>と言いますが、特に鉛直上向きの気圧傾度力のことを<u>浮力</u>と呼びます（図2.8）。つまり、静力学平衡とは<u>空気塊にかかる重力と浮力がつり合っている状態</u>と言い換えてもかまいません。

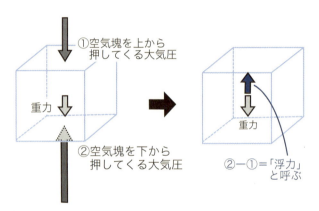

図2.8 浮力

「浮力」の定義に注意！

　本書で言うところの「浮力−重力」のことを「浮力」と呼んでいる本もあります。その場合は、静力学平衡とは「空気塊にかかる浮力がゼロの状態」ということになります。気象の本をたくさん読んでいると、このような用語の微妙な違いが混乱の元になる場合がありますが、それぞれの本の中では整合性が取れているはずですので、用語が初めて出てきたところを注意深く読むようにしましょう。

[*5]　64ページ：上空では気圧が低いシンプルな理由

一般に、静力学平衡が成り立っている空気中に物体があるとき、物体にかかる浮力の大きさは、その物体が押しのけた空気の重さに等しいという法則が成り立ちます[*6]。この法則を**アルキメデスの原理**と呼びます。このため、体積の大きい物体ほど大きな浮力を受けることになります。

第3章で詳しく述べますが、雲ができるきっかけとして「空気塊が温められて上昇する」という現象があります。なぜ温められた空気塊は上昇するのか、この節で一度丁寧に考えておきましょう。

まず、空気塊の温度が上昇すると密度が下がるということが、以下のようにして分かります。空気塊にも気体の状態方程式 $p = \alpha \cdot \rho \cdot T$ が成り立っています。ここで空気塊の圧力 p は周囲の大気圧とつり合うように決まりますから、大気のごく一部の空気塊に注目している場合には p は一定と考えてよいでしょう。すると、温度 T が上がれば ρ は低下すると分かります（逆に T が下がれば ρ が上がることも分かります）。

$$p = \alpha \cdot \rho \cdot T$$

一定 ＝ 下降　上昇

密度が下がるということは、体積が増えるということですから、アルキメデスの原理によりこの空気塊にかかる浮力が大きくなります。すると浮力が重力を上回るため、空気塊は上昇を始めるでしょう（図2.9）[*7]。

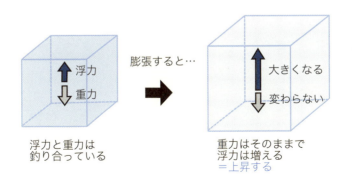

図2.9 体積が増えると浮力も増える

[*6] 72ページコラム：アルキメデスの原理
[*7] 上昇した空気塊の中でどのようにして雲が生じるかという点については　131ページ以降で詳しく述べています

アルキメデスの原理

アルキメデスの原理が成り立つ理由は、次のように考えると理解できると思います。図2.10を参照しながらお読みください。

(1) 静力学平衡が成り立っている空気中に適当な大きさの空気塊をイメージすると、その空気塊にかかっている重力と「上下から押してくる大気圧の差（②-①）」がつり合っています。

(2) いまイメージした空気塊と同じ形の物体をそこにもってくると、その物体には **(1)** と同じ大気圧（①と②）がかかるので、「上下から押してくる大気圧の差（すなわち浮力②-①）」も **(1)** と同じ値になります。

(3) すなわち、物体にかかる浮力は **(1)** の空気塊の重さに等しいと言えます。

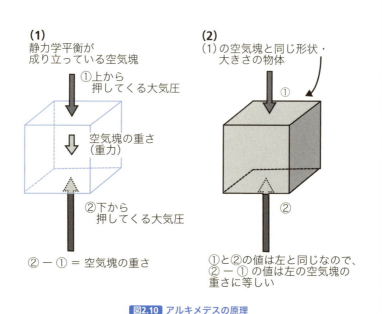

図2.10 アルキメデスの原理

❖気圧分布の表し方：等圧面と等圧線

　同じ高度に気圧の高いところと低いところが隣接していると、気圧の高いところから低いところに向かって空気が押されて移動します。これが風です。風についてはこの後に説明しますので、まずはこの気圧の高低を地図上に表現する方法、等圧線をご紹介します。

　気圧が等しい点をつなげると「面」ができますね。これを等圧面と呼びます。例えば「1013hPa等圧面」のように気圧の強さを前に付けます。これまでは、等圧面が水平になっているような気柱を考えてきました。

　場所が違うと「気圧がある値になる高さ」も少しずつ違ってくるので、実際にできる等圧面は水平ではなく、地表面に対して少し傾いた面になります。また、平面であるとは限らず、曲がっているのが普通です。(図2.11)。

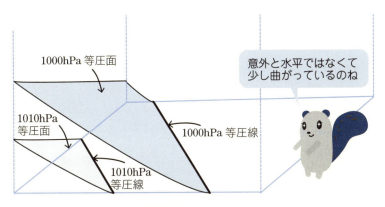

図2.11 等圧面と等圧線

　このように曲がった等圧面が地面と交わると線ができます。これが等圧線です。実際に地表面における等圧線を描く際には、上空にできている等圧面を調査するのではなく、地上の色々な場所で気圧を測定します。そして気圧の等しい地点を線で結べば等圧線ができますが、通常テレビや新聞で見かける天気図はもう一段階手を加えてあります。標高の高い地点では気圧が低くなるのを補正するため、その地点から海抜0mの高さまで仮に

気柱が続いていたら、海抜0mの高さでは気圧がいくらになるか…という値を計算で求めます[*8]。このようにして求めた気圧を海面気圧、海面気圧に基づいて作成した天気図を地上天気図と呼びます。テレビや新聞に載っているのはこの地上天気図です。

　なお、等圧線が輪のように閉じている場合があります。輪の中が周囲よりも高圧の場合は高気圧、低圧の場合は低気圧と呼びます。天気予報でおなじみかと思います。

❖気圧変化はどうして起こる？

　先ほど述べたように、ある地点（例えば地表）における気圧は、その地点より上空にある気柱の重さを支えるための力として、求めることができます[*9]。何らかの理由で気柱の重さが変化すれば気圧が変化し、後の節で述べる様々な風の原因となります。この節では、気圧が変化する（すなわち気柱の重さが変化する）原因のうち、特によく理解しておいていただきたいことを1つご紹介します（図2.12）。

　温度分布が全く等しく、静力学平衡が成り立った気柱を3本イメージします（1）。分かりやすくするために密度は柱の中では一様だとします。この時点では3本の気柱の重さは等しいため、地表の気圧はどこでも等しくなっています。では真ん中の気柱Bが温められたとするとどうなるか、考えてみましょう（2）。気体は温められると膨張しますが[*10]、このとき気柱は上向きに膨張するとしましょう。つまり背の高い気柱になります。（3）。この時点では気柱の重さは3本とも等しいまま（すなわち地表の気圧はどこでも等しいまま）です。

　ここで上空に注目します。例えば気柱A、Cの高さの半分のところに点線を引いてみました。気柱A、Cについては、気柱のちょうど半分がこの点線より上にあります。ところが気柱Bは半分以上がこの点線より上にあります。したがって点線上の位置a、b、cを比べると、bにのしかかる気柱の重さが大きくなり、bはa、cよりも気圧が高い状態になります。するとbからaやcに向かって空気が移動していきます（4）…これが後の節で述べる気圧傾度力によって起こる風です。

[*8] 67ページで触れたように、標高1mあたりおよそ12Paを加算します
[*9] 64ページ：上空では気圧が低いシンプルな理由
[*10] 70ページ：浮力はいつでもかかっている

するとようやく、地表の点a'、b'、c'の上にある気柱の重さが違ってきます。b'の上にある気柱Bからは空気が取り除かれたので気柱は軽くなり、a'、c'の上にある気柱A、Cには空気が流入したので気柱が重くなります。すなわち地表のb'は低気圧となり、a'とc'は高気圧になります。その結果、上空とは逆向きに風が吹くことになります（5）。

(1) 温度分布が全く等しい気柱が3本。密度は一様だとする

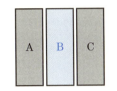

(2) 気柱Bが温まると…

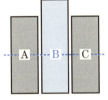

(3) Bが上方向に伸びる

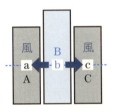

(4) bの上にある気柱の方がa,cの上にある気柱よりも重いので、bの気圧はa,cよりも高い。したがってbからa,cに風が吹き出す。

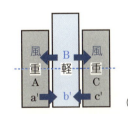

(5) b'が低気圧、a'とc'が高気圧になる

図2.12 気柱の温度変化と気圧変化

このように、ある地点の気柱が温まると上空では高気圧、地表では低気圧の状態になります。気柱が冷えるとこの逆のことが起こるので、上空では低気圧、地表では高気圧の状態になります。いずれの場合も、気圧の高い方から低い方へと風が吹きます。

❖空気に働く力―気圧傾度力・コリオリ力・摩擦力

　鉛直方向に静力学平衡が成り立っていて、しかも等圧面が水平になっている場合は、空気のどの部分にもかかっている力がつり合っているため、空気の移動は起こりません。しかし実際には等圧面は水平からずれているため、地表には等圧線が生じます。すると、以下で述べるような力が発生し、空気の移動が起こります。

　例えば図2.13のように1mごとに1hPa変化するような等圧線ができているとき、図の□で示した1m³の空気塊には水平方向（図の右向き）に100Nの力がかかることが分かるでしょう。このような気圧差によって生じる力である**気圧傾度力**は、浮力の節[*11]でも出てきましたが、この節ではもっぱら水平方向の気圧傾度力を取り扱います。

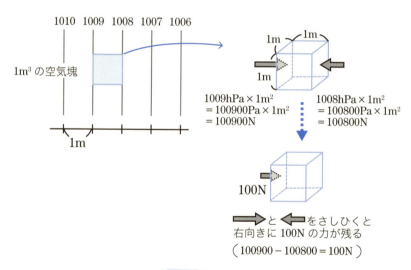

図2.13 気圧傾度力

　次に図2.14のように、等圧線の間隔が狭い場合（1mごとに2hPa変化する場合）も考えてみましょう。すると、同じ1m³の空気塊にかかる力は2倍に増えることがすぐ分かります。

　このように、気圧傾度力は等圧線に垂直にかかり、しかも等圧線の間隔

[*11] 70ページ
[*12] なお実際の地上天気図においては、等圧線の間隔が狭いときであっても、気圧差は1mあたり0.01Pa程度です

が狭いほど強くなるという性質があります＊12。

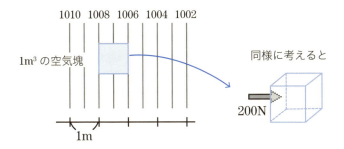

図2.14 等圧線の間隔が狭くなると気圧傾度力は増える

　気圧傾度力に押されて空気が移動すれば等圧線に垂直な風が吹きそうなものですが、新聞などで地上天気図をよく見てみると、実際の風は等圧線に対して斜めに吹いていることが分かります。この原因の1つが**コリオリ力**です（もう1つは後述する**摩擦力**です）。これは、地球が自転しているせいで、私たちが空気塊を観察したときに空気塊にかかっているように思える**見かけの力**です。

　コリオリ力をきちんと解説するのは難しいので、簡単な例を1つ挙げて理解を試みましょう。一定の速さで反時計回りに回転する円盤の中心に立って、円盤の縁に立っている人に向かってボールを転がすことを考えてみてください（次ページ図2.15）。

　ボールは当然「まっすぐ」転がっていきますが、その間にも円盤は回転しているので、円盤の縁に立っている人にはボールが届きません。

　図2.15 (a) のように円盤にマス目を引いておき、一定時間ごとにボールの通過位置に印をつけると、最終的には円盤上に曲がった軌跡ができることが分かります。これを「円盤の縁に立っている人の視点」で見ると、図2.15 (b) のように「最初自分に向かって飛び出したボールが、どんどん曲げられてそれていった」というふうに感じられるはずです。曲がる向きは**ボールの進行方向に対して右向き**です。

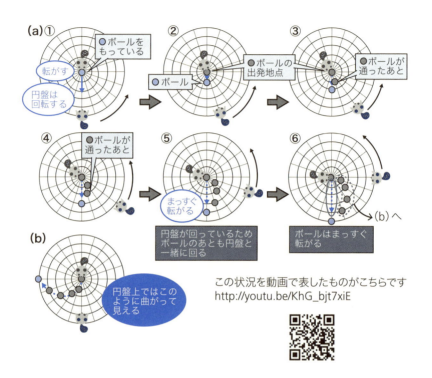

図2.15 コリオリ力の例

遠心力も実は働いている

　回転する円盤に乗ってボールの運動を観察する場合、実はコリオリ力の他にもう1つ見かけの力が働きます。それは**遠心力**という力で、円盤の外向きに常にかかっているように見えます。ですから本文中で説明したボールの運動には本当は遠心力の影響も現れています。しかし、「コリオリ力がボールを進行方向に対して右向きに曲げている」という点については間違いありません。

　なお、地球上における実際の空気の運動を考える場合、「地球の自転による遠心力」の大きさは非常に小さいため、通常は無視しています。

この円盤は、地球の北極を上空から見下ろした状況と同じです。北極から大砲の弾丸を撃ったとすると、弾丸が飛ぶ間に地球が回転するため、狙ったところよりも右にずれた地点に着弾してしまうということですね（図2.16）。

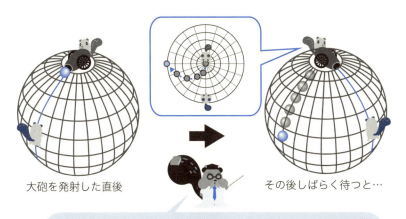

図2.16 北極から大砲を撃つと…

その他の場合（例えば北極以外の場所で東西方向に向かって運動する物体を観察した場合など）については、ここで述べた説明ほど簡単にはいきませんが、やはり同じように、地球上から観察すると物体は曲がっていくことが分かっています。

このように回転する円盤や地球の上に立って物体の運動を観察すると、進行方向に対して垂直な力（コリオリ力）がかかっているように見えるわけです。コリオリ力は、地球の北半球ではここで見てきたように「進行方向に対して右向き」にかかりますし、南半球では回転の向きが逆なので「進行方向に対して左向き」にかかります。コリオリ力の強さは物体の速さに比例して大きくなり、さらに緯度が高いほど大きく、赤道上ではゼロになります（次ページ図2.17）。

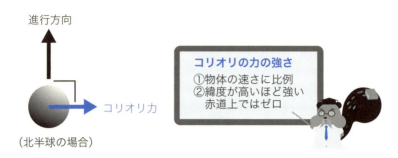

図2.17 コリオリ力

　最後に**摩擦力**です。地表付近で風が吹いている場合は、風の進行方向の反対向きに地面から摩擦力を受けます。摩擦力がほとんど無視できるようになるのは、だいたい高度1000m以上です（図2.18）。
　これら3つの力（気圧傾度力・コリオリ力・摩擦力）が空気にかかることによって、空気の運動（すなわち風）の状況が決められていきます。

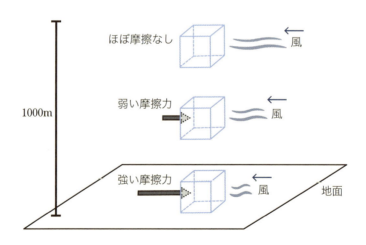

図2.18 摩擦力

❖様々な風1―地衡風

ではここから、様々な状況下において定常的に吹く風の例を1つずつ見ていきましょう。まず、上空で摩擦力が無視できて、直線状の等圧線が平行に並んでいる場合を考えます。

この状況下で定常的に吹く風は、どの向きにどのような速さで吹いているのか考えてみましょう。まず物理学の前提として「一定の速さでまっすぐ運動する物体にかかっている力はつり合っている」という知識が必要です。運動しているのなら、運動している向きに力がかかっているのではないか…と思いがちですが、そうではないのです。静止している物体が動き始めるためには力が必要ですが、いったん動き始めたら、力を加えなくてもそのままの向きにそのままの速さで運動が続きます。例えば氷の上に置かれたアイスホッケーのパックを想像してください。パックを動かすためには力を加えなければなりませんが、その後は力を加えなくてもパックはどこまでも滑っていきます（図2.19）。

図2.19 動き始めるとそのまま運動は続く

風（空気の運動）に対しても同じ法則が成り立ちます。一定の向きに一定の速さで風が吹き続いている場合は、動いている空気にかかる力がつり合っています。次ページ図2.20のように等圧線が並んでいる場合、□で示した空気塊には必ず図の上向きに気圧傾度力がかかるので、これとつり合うコリオリ力が図の下向きにかかっていることになります。ということは、速度は右向きになっていると言えます。

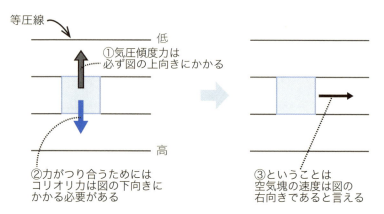

図2.20 直線状の等圧線が平行に並んでいる場合

　このように、上空で摩擦力の影響が無視できる場合は、気圧傾度力とコリオリ力がつり合うような風が吹くでしょう。このような条件が成り立っている風を地衡風(ちこうふう)と呼びます。地衡風は、等圧線に平行で、高圧側を右手に見ながら進むという特徴があります。等圧線の間隔が狭いほど気圧傾度力は大きくなることと、コリオリ力の大きさは空気塊の速さに比例すること[*13]を考え合わせると、等圧線の間隔が狭いところほど地衡風の速度は大きいということが分かります（図2.21）。

＊13　76ページ：空気に働く力—気圧傾度力・コリオリ力・摩擦力

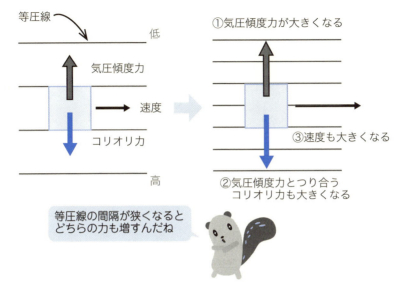

図2.21 等圧線の間隔が狭くなると…

❖様々な風2―傾度風・旋衡風

　今度は、上空で摩擦力が無視できて、湾曲した等圧線が平行に並んでいる場合を考えます。この状況で定常的に吹く風は、どのような条件を満たしているでしょうか。ここでも運動する空気塊に注目しましょう。

　湾曲しているといっても、空気塊の近辺だけ見れば先ほどの地衡風とだいたい同じような様子になっています。ですから、やはり空気塊には図の上向きに気圧傾度力がかかり、これを打ち消すようにコリオリ力が図の下向きにかかる…そのためには空気塊は右向きに運動しているはず…と何となく思ってしまいます。

　しかしこのままでは、地衡風の時と同様に空気塊はまっすぐ進んでいくでしょう。そして等圧線が湾曲しているため、力のつり合いはすぐに破れてしまうでしょう（図2.22）。

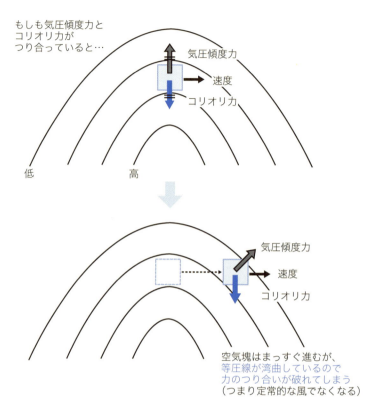

図2.22 湾曲した等圧線が平行に並んでいる場合

　このようにならないためには、空気塊が図の下向きに少し曲げられて、湾曲した等圧線に沿って動いていかねばなりません。そのためには、空気塊を下向きに引っ張ってやる必要があります。具体的にこの図2.22では、気圧傾度力よりも少しコリオリ力の方が強くなっていればよいと言えます。空気塊にかかっている正味の力（コリオリ力－気圧傾度力）が図の下向きなので、空気塊は下向きに曲げられるというわけです（図2.23）。

　なお、コリオリ力は風速に比例するということを思い出すと、同じ気圧傾度力で実現する地衡風よりも、この場合の方が（コリオリ力が強いため）風速が大きいということが分かります。

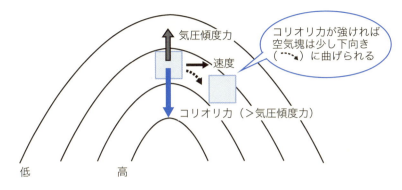

図2.23 定常的な風を発生させるためには…

では等圧線の湾曲の向きが逆だとどうでしょう。この場合、定常的に風が吹くためには<u>コリオリ力は気圧傾度力より弱くなければなりません</u>。先ほどと逆ですね。正味の力(気圧傾度力-コリオリ力)が図の上向きになっているおかげで、定常的に風が吹き続けることができるというわけです。

先ほどと同様に考えると、この場合は同じ気圧傾度力で実現する地衡風よりも<u>風速が小さい</u>ということが分かります(図2.24)。

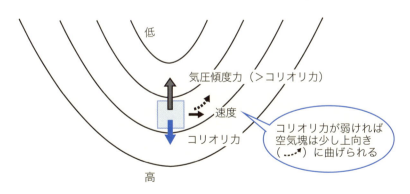

図2.24 定常的な風を発生させるためには…(湾曲の向きが逆の場合)

ここまで述べてきたような風、すなわち、気圧傾度力とコリオリ力の差によって空気塊の軌跡が曲げられ、湾曲した等圧線に対して平行に吹いている風（必ず高圧側が右手にあります）のことを傾度風と言います。とくに等圧線がリング状に閉じている場合、等圧線の中が高気圧の場合は風は時計回りに、等圧線の中が低気圧の場合は風は反時計回りに回ります。このように高気圧・低気圧の周囲を一周する風を、それぞれ高気圧性循環、低気圧性循環と言います（図2.25）。

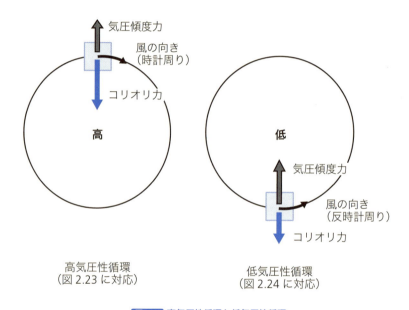

図2.25 高気圧性循環と低気圧性循環

ところで、かなり小さな半径で曲がった等圧線に沿って強い風が吹く場合には、空気塊の軌道を曲げるために必要な力が非常に大きくなりますが、その力に比べてコリオリ力の影響が小さくなるため、近似的にコリオリ力を無視できる状況になります。この場合、中心に向かう気圧傾度力だけで空気塊は回転することになりますので、等圧線の中心には必ず低気圧があり、大きな気圧傾度力を空気塊にもたらします。コリオリ力の影響が無視できるため、回転方向は時計回り・反時計回りのどちらも可能になります。

このように、コリオリ力の影響が無視でき、気圧傾度力のみで円形状に吹く風のことを旋衡風と言います。竜巻などがこの例です（図2.26）。

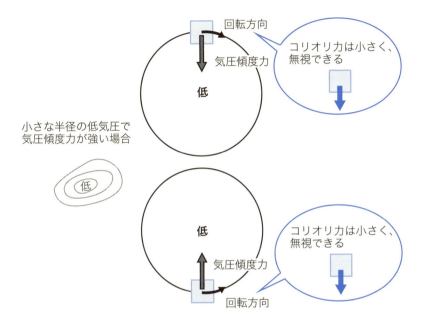

図2.26 旋衡風

遠心力の扱い

　本書以外の気象の本をお読みになっている場合、傾度風や旋衡風のあたりで**遠心力**という言葉が出てくる場合があると思います。その場合はきっと「湾曲した等圧線に沿って空気塊が動いているとき、空気塊にかかる遠心力・コリオリ力・気圧傾度力の3つがつり合っている」というような説明になっていると思います。これはどういうことでしょうか。地衡風のところでは確か「一定の速さでまっすぐ運動する物体にかかっている力はつり合っている」という説明でしたが、傾度風においては「曲がって運動するけども力はつり合っている」のでしょうか？

…といったような疑問を持たれた方のために、このコラムで説明いたします。遠心力が登場しない説明（本書）と登場する説明のどちらかが間違っているということではなく、観察する人の立場によって説明を使い分けるのが正しいです。

　先ほどのコラム*14でも触れましたが、遠心力とは<u>「回転しながら何か物体を観察したときに、その物体にかかっているように見える『見かけの力』」</u>の1つです（もう1つはコリオリ力です）。この力は回転中心の外向きにかかって見えるという性質があります。したがって、例えば自転する地球上から空気塊を観察すると、図2.27のような向きに遠心力がかかって見えます。ただし、コラムでも述べたように、この力はかなり小さいので空気塊の運動にはほとんど影響しないため、通常は無視して考えています。本文中のここまでの説明にも、コリオリ力しか登場していませんね。

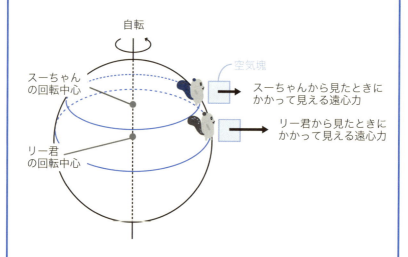

図2.27 地球の自転と遠心力

　では傾度風について考える場合、「地上から空気塊を観察する」のではなくて、「空気塊と一緒に運動しながら空気塊を観察する」とど

＊14　78ページコラム：遠心力も実は働いている

のように見えるでしょうか。例えば図2.28Ⓐのような状況を考えましょう。

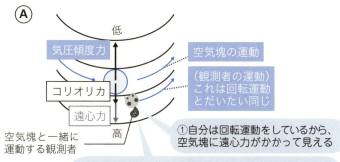

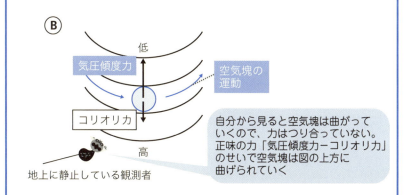

図2.28 観測者の状況による力のつり合いの有無

　この場合、観測者はだいたい図の「低」のあたりを中心として回転しているのと同じです。ですから空気塊を観測した場合、外向きに遠心力がかかっているように見えます。また、この観測者から空気塊を見ると「止まっている」ように見えますよね。止まっている物体にかかっている力は当然つり合っていますから、

気圧傾度力 ＝ コリオリ力＋遠心力

という関係が成り立っています。

　ちなみに同じ状況を地上に静止した観測者から見ると（図2.28 **Ⓑ**：本文は常にその視点で書かれています）、「空気塊は曲がっていくので、力はつり合っていない」ということになります。気圧傾度力とコリオリ力の差（正味の力）のせいで、空気塊は図の上方に引っ張られて曲げられていくというふうに見えます。

　ですから、本書は常に「地上に静止した観測者から見た」様子を表しています。一方、傾度風のところで「遠心力」が登場する本では、「空気塊と一緒に運動する観測者から見た視点」を紹介していると言えますね。どちらが正しいということではないのですが、知らずに読み比べると頭が混乱してしまいますので、このコラムを参考にしながら読み比べてみてください。

❖摩擦力の影響―等圧線を横切る風

　ここまでは、地面による摩擦が無視できる状況、すなわちおおむね上空1000m以上に存在する定常的な風について考えてきました。では摩擦の影響を受ける地上付近の風は、上空の風に比べて何が違うのでしょうか。
　地衡風を例にとって考えてみましょう。直線状の等圧線が平行に並んでいて摩擦がない場合には、等圧線に平行に風が吹くのでした。ここに摩擦力が働くと、速度が少し小さくなります。するとコリオリ力（速さに比例）が弱くなりますから、気圧傾度力がコリオリ力に勝ってしまい、空気塊は低気圧側に曲げられるでしょう（図2.29）。これは先ほどの傾度風の話と同じ理屈で、力の強い側に空気塊の軌道が曲げられるのです。

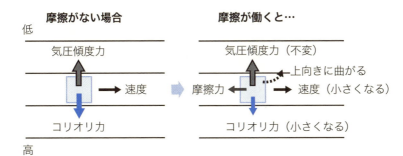

図2.29 摩擦が生じると

このように、摩擦のある状況での定常的な風は等圧線に平行には吹きません。かわりに別の状態で空気塊に対する力のつり合いが成り立っています。それは次のような状態です。

先ほど考えたように、速度の向きは高圧側から低圧側に等圧線を横切るようになっています。進行方向に向かって直角右向きにコリオリ力、等圧面に直角に気圧傾度力、そして進行方向の逆向きに摩擦力がかかります。この3つの力がつり合うのです。

このような方向の異なる力のつり合いについて考える際には、2つずつまとめていく（合成する）のがよいでしょう。摩擦力とコリオリ力を合成すると、図2.30のように<u>摩擦力とコリオリ力を2辺とする長方形の対角線のような力</u>になります[*15]。

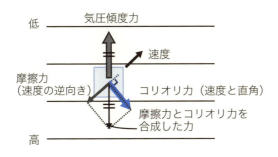

図2.30 摩擦力の影響下での力のつり合い

---

*15　このような力の合成の仕方を「平行四辺形の法則」と言います（図2.30では長方形ですが、長方形は平行四辺形の特別な場合です）

この力と気圧傾度力が逆向きで同じ大きさになっていると、力のつり合いが成り立ち、この風が定常的に吹くことになります。地衡風がちょっと低圧側に曲がったような風、というイメージですね

等圧線が曲がっている場合も同様で、傾度風がちょっと低圧側に曲がったような風になります。高気圧の周囲では外側（低圧側）に吹き出すような風になりますし、低気圧の周囲では内側（低圧側）に吹き込むような風になります。

止まっている空気塊が動き始めると

地衡風について一通り勉強を終えた後、頭の中で復習をしているときに次のように考えてしまうことがあります。

(1) 図2.31のように、平行な等圧線の中に静止した空気塊をイメージする。
(2) その空気塊には高圧側から低圧側に向かう気圧傾度力がかかるので、空気塊は図の上向きに動き始める。
(3) 空気塊が動き始めるとコリオリ力が進行方向に向かって右向きにかかるので、空気塊は徐々に右向きに曲げられていく。
(4) 最終的には空気塊の進行方向が等圧線に平行になったとき、気圧傾度力とコリオリ力がつり合う。
(5) 以後はこの向きに風が吹き続ける。

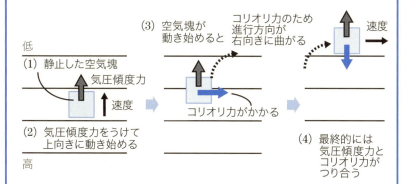

図2.31 地衡風の発生？

　ところが、これはあまり正しくない考え方なんですね。おかしいのは **(4)** のところで、物理の法則を使って計算してみると **(1)**〜**(3)** のようにして空気塊が運動を開始した場合、**(4)** のように空気塊の進行方向が等圧線に平行になったときには空気塊の速さが大きすぎて、コリオリ力の方が気圧傾度力より大きくなります。正しくは、

(4') 空気塊の進行方向が等圧線に平行になったとき、気圧傾度力よりコリオリ力の方が大きくなるので、空気塊は高圧側に戻っていく。
(5') 戻る最中に受ける気圧傾度力は空気塊にブレーキをかける向きなので、空気塊の速さは遅くなっていく。
(6') 最初と同じ等圧線上に戻ってきたとき、ちょうど速さが0になる。
(7') 以後はこの繰り返し。

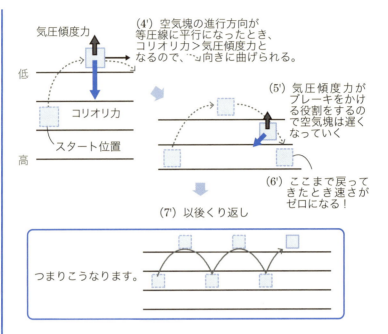

図2.32 実際はこうなる

　そういうわけで、ほとんどの本では地衡風の説明として「風が吹き始めると」ではなく、「このような風が吹き続けているとき」というような条件が課されていると思います。<u>止まっている空気が動き始めて…と考えると、結果的には地衡風にならないからです。</u>

　なお、ここでは、「周囲の空気と独立した空気塊」が周囲の空気に影響を及ぼさずに動いていくという条件で計算をしていますが、現実の空気では、空気塊が移動したあとに周囲の空気が流れ込んできます。そうすると、さらに周囲にも影響が…というふうに、空気塊が移動した影響を周囲の空気が受け、それによって空気塊の運動もまた影響を受けます。このようなことを考えると、実は**(1)**のように静止した空気塊が運動を開始した場合も、最終的にはだんだん地衡風に近づいていくということが計算によって示されています。

> **まとめ** 空気に働く力と、生じる風の種類

　ある位置での気圧は「その上にある空気の重さを支える力」として求めることができます。

　空気塊にかかる力は、気圧傾度力・コリオリ力・摩擦力の3つがあります。

　等圧線の形状や力のつり合いの状況によって、定常的に吹く風は3種類に分類されます。地衡風、傾度風、旋衡風です。

● **地衡風**
　気圧傾度力＝コリオリ力　で、まっすぐな等圧線に沿って吹く風。
● **傾度風**
　気圧傾度力≠コリオリ力　で、曲がった等圧線に沿って吹く風。
● **旋衡風**
　気圧傾度力のみで、小さな半径の低気圧の周囲に沿って吹く風。

　さらに地表近くでは摩擦力の影響のため、地衡風が少し曲げられて、等圧線を低圧側に斜めに横切るような風が定常的に吹きます。

● **摩擦のある地衡風**
　気圧傾度力・コリオリ力・摩擦力の3つがつり合って、等圧線を低圧側に斜めに横切るように吹く風。

2.2 天気図から読み解く大気の循環

❖天気図を見る準備—前線記号と矢羽根

いよいよこれから天気図を見ていく段階に入りますが、その準備として、前線を表す記号と、風向・風速を表す矢羽根についてまとめておきます。

前線記号には4種類あります。温暖前線・寒冷前線・閉塞前線・停滞前線です。1つずつ説明していきます。

まず温暖前線は、暖気と寒気が接していて、暖気がはい上がるようにして寒気を押し進めていくような境目のことです。地上天気図において図2.33の左のような記号で表されます。記号における半円の向きに暖気が押しているというイメージをもつとよいと思います。なお第3章[*16]で述べるように、このような形で空気が上昇していくと、雲が発生する引き金になり得ます。寒冷前線は、やはり暖気と寒気が接しているのですが、寒気が潜り込むようにして暖気を押し進めていくような境目のことです。記号における三角印の向きに寒気が押しています（図2.33の右）。温暖前線と比べると、暖気が持ち上げられる角度が急ですね。このような場合は背の高い雲（すなわち積乱雲）ができやすいです[*17]。

温帯低気圧には寒冷前線と温暖前線が伴っていますが、寒冷前線がじきに温暖前線に追いついてきます。追いついたところには閉塞前線というものが形成されます。閉塞前線は、言ってみれば「寒冷前線の西側にあった寒気（図中のA）」が「温暖前線の東側にあった寒気（図中のB）」に追いつく現象です。ですから、Aの温度の方が低ければ、AがBに潜り込むような前線（寒冷型閉塞前線）になりますし、Aの温度の方が高ければ、AがBの上をはい上がるような前線（温暖型閉塞前線）になります（図2.34）。

[*16] 131ページ：温度が下がり湿度が上がって雲ができる
[*17] 136ページ：色々な種類の雲

2.2 天気図から読み解く大気の循環 / 97

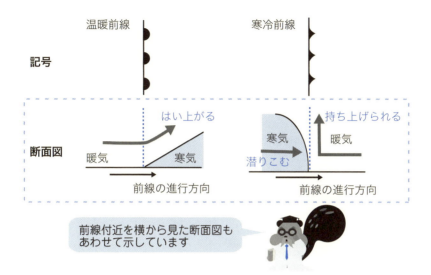

図2.33 温暖前線と寒冷前線

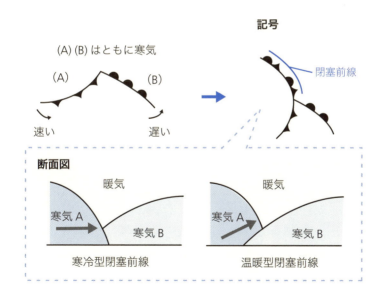

図2.34 閉塞前線

停滞前線は、暖気と寒気が接している境目で、どちらの空気も勢力が同じくらいの場合を言います。「寒気が潜り込み、暖気が上昇する」という点は寒冷前線や温暖前線と共通していますが、寒気と暖気の勢力が同じくらいなので、前線はあまり移動しない（停滞する）のが特徴です（図2.35）。

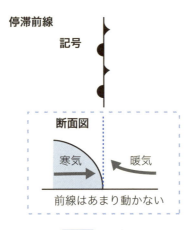

図2.35 停滞前線

最後に風向・風速を表す矢羽根についてまとめます。例えば図2.36は「北から吹いてくる、風速6.5〜8.5［m/s］の風」という意味の記号です。ちなみに「北から吹いてくる風」のことを「北風」と言いますので気をつけましょう。たまに「南向きに吹いているから南風か？」と思ってしまうことがありますので…。

この記号の棒（＝矢）についている斜めの線（＝羽根）の数や長さによって風速を表します（図2.36）。羽根がついた矢なので**矢羽根**とよく呼ばれていて、表2.1のようにルールが決まっています。

一番弱い風の階級が0.5〜1［m/s］で、これは矢だけで表します。そこに短い羽根がつくと風速1.5〜3.5［m/s］、羽根が長くなると風速の階級が2.5［m/s］ぶん上がって4〜6［m/s］になります。以後は「短い羽根」「長い羽根」と線が増えていくにつれ、風速の階級が2.5［m/s］ずつ上がっています。途中からは大きな三角の羽根になっていますね。

図2.36 矢羽根の例

風速 [m/s]	記号	風速 [m/s]	記号
0.5〜1		26.5〜28.5	
1.5〜3.5		29〜31	
4〜6		31.5〜33.5	
6.5〜8.5		34〜36	
9〜11		36.5〜38.5	
11.5〜13.5		39〜41	
14〜16		41.5〜43.5	
16.5〜18.5		44〜46	
19〜21		46.5〜48.5	
21.5〜23.5		49〜51	
24〜26		51.5〜53.5	

『Manual on the Global Data-Processing System』(WMO, 1992) を基に描画

表2.1 風速と矢羽根の形状

　この先の天気図には、この節で述べた図がよく登場しますので、分からなくなったらこの節に戻ってきてくださいね。

❖実際の天気図を見てみよう

　ここからは実際の天気図上で風を確認してみましょう。先ほどまでは地上天気図上の前線記号をまとめたりしていましたが、最初はまず地面による摩擦力の無視できる上空の天気図を見てみましょう。

　日頃、新聞やテレビの天気予報で目にする地上天気図と違って、上空の天気図、<u>高層天気図</u>は独特な約束事で描かれています。それは<u>等圧線のかわりに等高度線</u>というものが用いられているということです。等高度線は、慣れれば等圧線と同じような感覚で取り扱うことができます。まずこの説明からまいりましょう。話を具体的にするために、高度1500m付近（気圧が850hPa前後になるところです）の数値を用いて説明します。

　気圧の等しい点をつなげてできる面—等圧面—が地面と交わってできる線が、地上天気図における等圧線でしたね[*18]。上空にも同様に「高さ1500mにおける等圧線」というものが描けるわけですが、高層天気図にはそのかわりに「気圧が850hPaになる高さが等しい点をつなげてできる線」が描かれています。これが<u>等高度線</u>と呼ばれるものです。両者の関係を示したのが図2.37です。

[*18]　73ページ：気圧分布の表し方：等圧面と等圧線

同じ高度−気圧の関係に対して等圧線と等高度線を描く

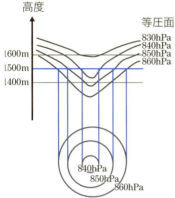
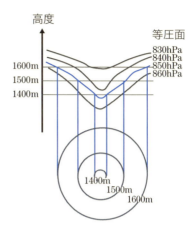

(実際は使われていない天気図)
1500mにおける等圧線

(実際の高層天気図)
850hPaにおける等高度線

まったく同じではないけど、よく似ている！

図2.37 等圧線と等高度線

　図の中央付近では等圧面がくぼんでいますが、高度1500mでの切り口（等圧線）を見てみると確かに低気圧になっています。これを「850hPaの等高度線」で表現すると、少し線の形は変わりますが、図の中央付近では「気圧が850hPaになる高度が低くなっている」ことが分かります。このように、高層天気図における等高度線は、等圧線とだいたい同じように数字の大きいところは気圧が高いとイメージして差し支えないわけです。

　気象庁からは、850hPaのほかに700hPa、500hPa、300hPa、200hPaなどの高層天気図が公開されています。それぞれの天気図における高さの目安は次ページの表2.2のとおりです。

　850hPaや700hPaの天気図の高さはだいたい高い山の標高ぐらいですね。200hPaは対流圏と成層圏の境目ぐらいです。

気圧面 [hPa]	基本等高度線 [m]	気圧面 [hPa]	基本等高度線 [m]
850	1,440	400	7,200
700	3,060	300	9,120
500	5,580	200	11,760

参考：天気図記入指針

表2.2 各種高層天気図における高さの目安

では上空の風の例として、300hPaの高層天気図を見てみましょう（図2.38）。実際の高層天気図にはかなりたくさんの情報が書き込まれていてややこしいので、等高度線と風速・風向だけ抜き出して示します。風速と風向は矢羽根の記号で表します。

前述の通り、等高度線はだいたい等圧線と同じように思ってよいので、数字の小さいところが低圧、数字の大きいところが高圧です。地衡風の節で説明した通り、低圧側を左に見ながら等高度線にほぼ平行に風が吹いていることが分かります。また、等高度線の間隔が狭いところでは風速が大きくなっていることも読み取れます。

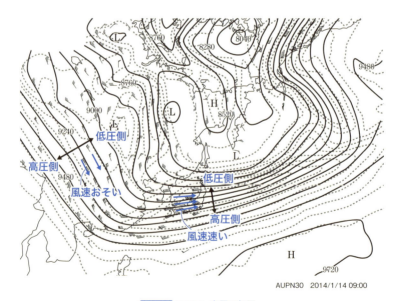

図2.38 300hPa高層天気図

次に、地上天気図から地上付近の風を読み取ってみましょう（図2.39）。先ほどと同様に等圧線（地上天気図なので等高度線ではなくて等圧線です）と風速・風向だけを抜き出しました。摩擦力の節で示した通り、地衡風が少し低圧側にそれたような向き—すなわち等圧線を低圧側に横切るように風が吹いていることが読み取れます。低気圧の中心に向かって風が吹き込んでいる様子もよく現れています。丸で囲んだ部分には、矢印で風向を記入しています。

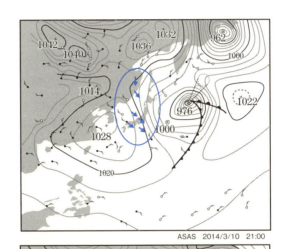

図2.39 地上天気図から読み取れる風向

❖風の収束・発散

　先ほどの図2.39の低気圧・高気圧のように、天気図上には風が吹き込む場所・吹き出す場所が生じることがあります。このような現象をより幅広くとらえるための概念である**収束・発散**について少しまとめておきます。

　収束とは、ある場所に流入する空気の量が、流出する空気の量より多い状態のことです。要するにどんどん空気が集まってくるという状態ですね。例えば先ほどの低気圧の中心付近では「収束がある」というふうに表現します。

　収束が起こるしくみは2種類あり、それぞれ**方向収束**と**速度収束**と呼ばれています（図2.40）。**方向収束**とは、異なる向きから風が吹いてきてある地点でぶつかることによって起こる収束です（地上の低気圧中心はこれに当てはまります）。**速度収束**とは、ある地点に吹き込んでくる風速が、吹き出していく風速よりも大きいことによって起こる収束です。

　収束の逆が発散で、同様に**方向発散**と**速度発散**というふうに分類されています。地上の高気圧中心では方向発散が起こっていると言えます。

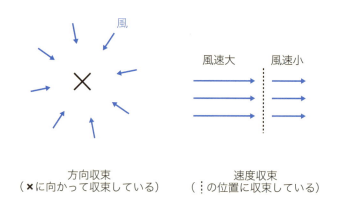

図2.40 方向収束と速度収束

ところで、地上の高気圧中心で発散が起こっていると、そのままではたちまち内部の空気が減っていきますね。すると内部の気圧がすぐに下がり（気圧とは、その場所の上にある空気全体の重さであるということを思い出しましょう）、風はたちまちやんでしまうでしょう。ですから、高気圧が維持されている場合には必ず空気の供給があるはず—すなわち、上空で収束があるわけです。

図2.41に示したように、地上に高気圧がある場合には地上で発散があるかわりに上空で収束が起こり、下降気流によって地上に空気が供給されています。低気圧の場合は逆で、地上で収束した空気が上昇気流となり、上空で発散します。

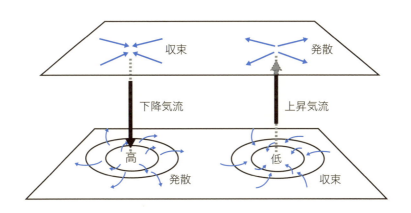

図2.41 地上と上空での風の収束・発散

❖地球規模の大気の流れ「循環」

この章では当初、気圧傾度力に伴って水平方向に吹く風を考えてきましたが、前節では収束・発散に伴って必然的に鉛直方向の風（上昇・下降気流）も生じることが分かりました。風はこんな風に立体的に吹いているんだ…というイメージをもつと、この先の色々な現象が理解しやすくなります。

そこで、この節では、地球全体をとらえる視点から空気の動きを見てみましょう。地球上を1年通して観察すると、低緯度地方では入射太陽エネルギーが地球からの放射エネルギーよりも多く、高緯度地方では逆になっているのでした[19]。したがって平均的には高緯度地方に比べて低緯度地方（赤道周辺）では気柱が上に膨張します。

すると、「上空が高気圧、地上が低気圧」の状態となり[20]、上空からは空気が流出し、地上には空気が流入するでしょう。このようにきわめて単純に考えると、「赤道近辺で伸びた気柱の上空から極地方に向かって空気が移動し、極地方で収束・降下し、地上では極地方から赤道へ向かって空気が移動する」という大まかな流れがあるように思われます（図2.42）。

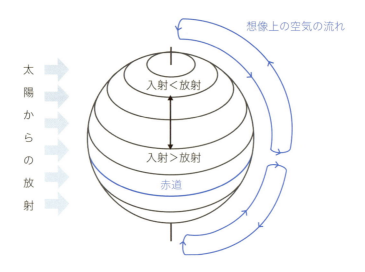

図2.42 地球全体の空気の流れ（想像）

しかし実際には、このような長距離を移動する空気に対してはコリオリ力の影響が出てきますので、北半球では進行方向に対して右向き、南半球では進行方向に対して左向きに風向きが曲げられます。その結果として、風が収束する場所も変化し、全体としては次の図2.43のような流れが生じています。

---

[19] 43ページ：緯度による気温の違い
[20] 74ページ：気圧変化はどうして起こる？

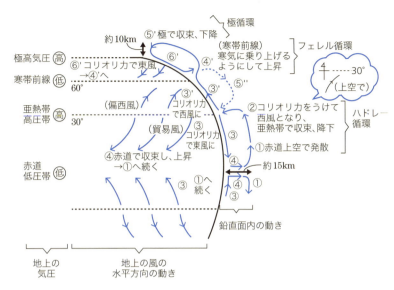

図2.43 地球全体の空気の流れ（実際）

　図2.43中に示した番号にしたがって、南北方向の大気の大循環、および地表における風について順次説明していきます。上空における風については、最後にまとめて述べることとします。この大循環は対流圏の内部で起こっているもので、以下に出てくる「上空」とはおおむね8〜12kmぐらいの高さ（対流圏界面に近い高さ）だとイメージしてください。またこの節での説明は、特に断らない限りは北半球のことを述べていますが、南半球の風についても図の矢印である程度お分かりいただけると思います。

　まず①②③④で示した**ハドレー循環**です。この循環においては、赤道近辺で伸びた気柱の上空で高緯度地方に向けて発散が起こっています（①）。発散した空気は、上空で進行方向に向かって右向きのコリオリ力を受けて西よりの風となり、北緯30度あたりで収束します（②）。ここで収束した空気は下降していきます。下降した空気は地表で南下するか（③）北上するか（③'）に分かれます。南下した空気は、「摩擦のある地衡風」の状況に置かれるため、北東の風になります（**貿易風**と呼びます）。

赤道には北半球と南半球からの貿易風が収束してくるため、そこで必然的に空気は上昇します（④）。なお、このように南北から貿易風が収束する赤道近辺の一帯を**熱帯収束帯**と呼びます。熱帯収束帯は、夏季（7月など）には赤道より北に、冬季（1月など）には赤道より南に移動します。非常に大ざっぱには「熱帯収束帯は、太陽の南中高度が高くなる緯度[*21]に移動する」と言えますが、実際には地形や海流などの影響であまり単純に決まってはいません[*22]。

　次に中緯度地方の③'④'の動きです。亜熱帯高圧帯から北上した空気（③'）は、③と同様に摩擦のある地衡風の状況に置かれるため、南西の風になります。これが北緯60度あたりまで北上したところで、北極からせり出してきている低温の空気とぶつかります。このように温度の異なる空気がぶつかっているところを**前線**と言いますが[*23]、特にこの北緯60度あたりの前線は**寒帯前線**と呼びます。③'の風はこの寒帯前線に乗り上げるようにして上空へ上がっていきます（④'）。

　最後に極地方の⑤'⑥'の動きです。④'で上昇した空気が極地方で収束し、下降します（⑤'）。地上で発散した空気（⑥'）はコリオリ力を受けて東よりの風になります。これは**極偏東風**と呼ばれます。

　地上の気圧に関しては、図中にも示した通り、上空で空気が発散しているところは低気圧となり（赤道低圧帯と寒帯前線）、収束しているところは高気圧となります（亜熱帯高圧帯と極高気圧）。このことは「ある地点の気圧は、その点の上にある気柱の重さで決まる」ということを反映しています。

　ところでここまでの説明だと、低緯度地域から高緯度地域に一方的に空気が運ばれるだけになってしまいます。③'の反対向きの流れを説明していないためです。このおかしさを解消するために図に示したのが、点線の⑤"です。③'→④'→⑤"という流れは**フェレル循環**と呼ばれるのですが、ハドレー循環や極循環と違って、実際にこのような風が吹いているわけではありません。仮にこのような向きに風が吹くと、コリオリ力の影響で上空では東風になるはずですが、後に述べるように中緯度地方の上空では西風が吹いています。このフェレル循環は、中緯度地方で起こっている様々なスケールの空気の動きを年平均したときに現れる、いわば**見かけの循環**です。

[*21]　41ページ：春夏秋冬の気温変化
[*22]　189ページ：梅雨前線ができる理由は？
[*23]　96ページ：天気図を見る準備―前線記号と矢羽根

2.2 天気図から読み解く大気の循環 / 109

　ここまでに述べてきた風の南北の循環を実際に観測したデータが図2.44です。これは世界各地で長年にわたって観測された風のデータを、緯度ごとに平均化したものです。ハドレー循環、フェレル循環、極循環に対応する空気の流れが確かに表れています。また、細かく見てみると、北半球が夏である6〜8月はハドレー循環の上昇流が北寄りになっていて、南半球が夏である12〜2月はその逆になっていることも見てとれます。

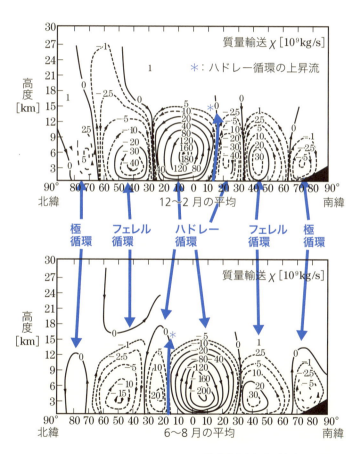

図2.44 3ヶ月平均した風の南北循環

『気象科学事典』（日本気象学会編、東京書籍）より

では上空の風についてはどうでしょう。中緯度から極地方にかけては、上空の平均的な気圧分布は地上に比べて単純です。図2.45は1月の北半球、7月の南半球における300hPaの高層天気図（月平均したもの）です。どちらの図でも、極地方が低気圧となっていて、低緯度地方に向かうにつれて気圧が上がっています。これは74ページで考えた「温かい気柱は上空で高気圧になる」という原則に合致しています。

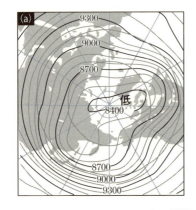
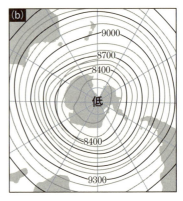

1971〜90年の期間で平均した
(a) 1月の北半球月平均300hPa等高度線
(b) 7月の南半球月平均300hPa等高度線

『気象科学事典』(日本気象学会編、東京書籍)より

図2.45 1月・7月の平均的高層天気図（300hPa）

　上空の風は、摩擦力の影響がありませんので基本的には地衡風・傾度風となります。すなわち、北半球では低圧側を左手に見ながら、南半球では低圧側を右手に見ながら、等圧線に平行に吹きます。いずれにしても西風ということになります（図2.46）。中緯度地方の地上で吹く西風を偏西風と呼びましたが、この上空の風も同じ名前で呼びます。ただし上空の偏西風は極地方でも吹いています（地上の風は極偏東風です）ので、誤解のないようにしましょう。

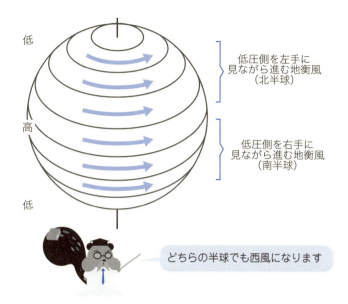

図2.46 上空で吹いている風

　再び実際の観測データを見てみましょう（次ページ図2.47）。今度は12〜2月と6〜8月のそれぞれの期間で平均した、東西風の風速と緯度・高度の関係を表す図です。今述べた中〜高緯度の上空の偏西風がはっきりと表れています。特に緯度が30〜40度のあたりの上空には速度の大きな西風がありますね。これは**亜熱帯ジェット気流**と呼ばれるものです。

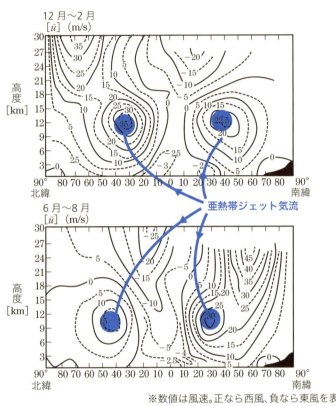

図2.47 亜熱帯ジェット気流

　ところで、次の図2.48(ある1日の高層天気図)には亜熱帯ジェット気流の他に、もう1つの強い西風が見えています。これは、**寒帯前線ジェット気流**と呼ばれるものです。亜熱帯ジェット気流の形はわりと円形に近いのに対し、寒帯前線ジェット気流は南北に蛇行しているのが特徴です。さらに寒帯前線ジェット気流は、時間が経つと吹く場所(緯度や蛇行の形)

がどんどん変わっていくという特徴があります。そのため、先ほどの図2.47のように長期間平均すると見えなくなってしまっていたのです。

逆に言うと、亜熱帯ジェット気流はほぼ移動しないから図2.47に現れているのだとも言えます。寒帯前線ジェット気流の蛇行は、後の第4章で述べる温帯低気圧の発達メカニズムに大きく関与しています。

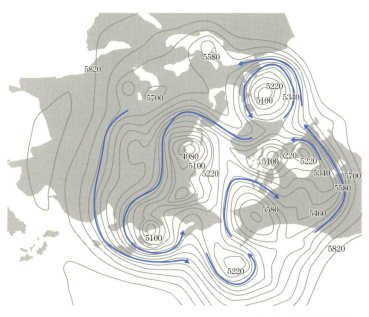

AUXN50 2014/11/13 21:00

図2.48 500hPa高層天気図と寒帯前線ジェット気流

寒帯前線ジェット気流は、次のようにして形成されます。先に述べたように、北緯60度付近では極地方からせり出してきた低温の空気と、中緯度地方の高温の空気がぶつかっています。その境目である寒帯前線をはさんで大きな温度差がありますが、「温かい気柱は上空で高気圧」という原則を考えると、これはすなわち寒帯前線をはさんで気圧差が大きいということになります。

寒帯前線付近の等圧面（例として500hPaを示しています）と、500hPaの高層天気図における等高度線の対応関係を示したのが図2.49です。ちょうど寒帯前線の部分で等圧面の傾きが急になっていますし、同じことですが、そこで等高度線の間隔が狭くなっています。いずれにしても、そこで気圧傾度力が大きくなっているわけですから、ここに吹く風（地衡風）の速度は大きくなります。これが寒帯前線ジェット気流です。

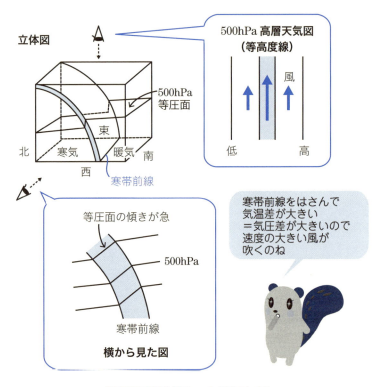

図2.49 寒帯前線ジェット気流のしくみ

この大規模な空気の流れが、第4章で出てくる「温帯低気圧」や「梅雨前線」「台風」などといった季節ごとの気象現象に大きな影響を及ぼしています。また必要なときに必要な箇所に戻って、読み直していただけるとよろしいと思います。

まとめ　理屈から地球規模の空気の流れが分かる

　実際の地上天気図・高層天気図を見ながら、色々な規模で吹く風について、理屈と実際の照合を行いました。

　収束・発散という概念を使うと、地上の高気圧（発散）の上空には収束があるはずで、地上の低気圧（収束）の上空には発散があるはず、ということが分かります。

　地球規模で吹く風（循環）には、大きく3つの流れがあります。ハドレー循環、フェレル循環、極循環です。それらのできるしくみを、ここまでに学んだコリオリ力や地衡風の考えを使って理解していきました。例えば、よく耳にする貿易風は、ハドレー循環によって下降してきた空気が北緯30度あたりで南に発散し、コリオリ力を受けて曲がった結果できる風だ…などということが分かります。

Column 天気図

　最近のテレビの天気予報番組では、天気図を見ないことも多くなりましたが、比較的時間を長く取る番組では天気図は欠かせませんし、毎日の新聞にも掲載されています。日本の気象庁で天気図が描かれて発表される時刻は、3時、6時、9時、12時、15時、18時、21時と決まっています。これは、協定世界時（UTC）の0時（日本時間の9時）を基点として、国際的に流通する天気図を6時間おきに日本の気象庁が描いているためです。日本に限らず、0UTC、6UTC、12UTC、18UTC、つまり日本時間の3時、9時、15時、21時には世界中で一斉に観測を行うことになっていて、そのデータを集めて天気図が描かれます。

　図1は、日本の気象庁が国際的に発表した天気図の例です。日本の気象庁の分担範囲は赤道から北緯60度、東経100度から東経180度までありますので、このように広い範囲の天気図を、データが集まってから約1時間

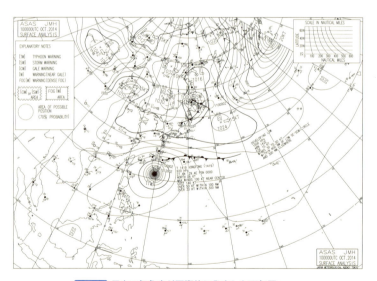

図1　日本の気象庁が国際的に発表した天気図

程度で描かなくてはいけません。このため、現在ではコンピュータの力を借りて、6時間前の時刻の天気図や気象衛星画像、その時間の予想天気図などを重ね合わせて描いています。

　国際的に流通している天気図を、図2（図1と同時刻です）のように日本付近を拡大して日本語表示に書き換えたものが、テレビなどで使われているというわけです。日本では、国際的に流通している6時間おきの天気図に加えて、日中である12時、18時の天気図も描いています。3時間おきであれば描かれるはずの夜中の0時（24時）の天気図がないのは夜中でニーズがないためです。

　さてこれらの天気図ですが、見ていただければ分かるように、実は「天気」が記入されてありません。等圧線、低気圧・台風や高気圧の位置と動き、前線が描かれています。アメリカではSurface analysis chartなどと呼ばれていて、確かに地上気圧解析図と呼んだほうが正確です。なぜこれで天気図と呼ぶか、公式な見解は分かりませんが、第2章を読んだ方には、

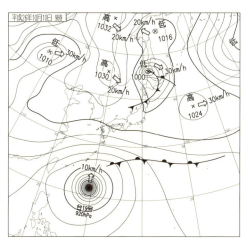

図2　図1と同日・同時刻の国内用天気図

地上の風が等圧線を横切って反時計回りに低気圧側に吹き、その強さは気圧の傾きが急なほど強く吹くということが分かるでしょう。さらに、後の章で述べる台風・低気圧や前線と雲の領域の関係や、冬型の気圧配置のときの天気分布などを知っていれば、気圧配置図を見ただけで、どこに雲があるか、どのあたりで雨が降っていそうかも分かります。まさに「天気」が分かるというわけなので、「天気図」と呼ばれるようになったのではないかと思います。

　高層観測も0UTCと12UTCに全世界一斉に観測を行うことになっていて、そのデータが集められて高層天気図が描かれます。第2章では、高層天気図は等高度線で描かれていると述べました。実は高層気象観測では気圧、温度、湿度は直接的に観測しますが、高度は直接的には観測していません。空気塊の気圧と温度、体積には、第2章で述べたような一定の関係がありますから、その式を利用して高度を求めます。高層天気図には主に等高度線と等温線が描かれていて、やはり天気は描かれていませんが、地上の気圧配置との関係や温度分布、風の流れを見ることによって、天気が分かります。特に地上天気図では描かれない、高層の現象を原因とする天気変化が見えることがあります。

　ただ、これらの天気図で描かれる気象現象は、水平スケールが数百から数千kmの台風や低気圧、前線といった現象ですので、大きな気象変化の傾向は表すことができますが、例えば前線付近のある程度固まった積乱雲のかたまりが起こす現象や海陸風による風の変化といった現象は表現できません。ましてや一つひとつの積乱雲の動きや竜巻といった現象は、それらが発生しやすい領域を想像することはできますが、個々の発生や動きを天気図から予想することは不可能です。

　現在の天気予報に求められているのは、自分の頭の上に雨が降ってくるのか、降るとすればどのくらい量が降るのか、自分の家のある場所に強い風が吹くのかといったことですので、天気図だけでそれらを予想することはできません。そこで、気象衛星やレーダー、アメダスなどを用いて詳細な予報を組み立てているというわけです。

第3章

雲と雨
ぐずついた天気のきっかけは「雲」から

　この章ではいよいよ、雲のできるしくみや性質について見ていきます。後半ではエマグラムという図を使って理解を深めていきます。

3.1 水蒸気から雲ができるまで

❖ 空気に混じる「目に見えない水」―水蒸気

　雲ができるしくみをごく大ざっぱに説明しますと、何らかの理由で空気の温度が下がると、空気中の水蒸気が液体（水滴）になり、その水滴が集まったものが雲（または霧）ということになります。このプロセスを順に追っていきましょう。この節ではまず水蒸気の性質について詳しく見ていきます。

　液体の水が蒸発すれば気体（水蒸気）になるわけですが、そもそも水は何℃で蒸発するんでしたっけ……？

　ここで一瞬「100℃」と思われた方がいらっしゃるかもしれませんが、それはちょっと違うんですね。水は何℃のときでも蒸発しています。例えば、ぬれた洗濯物を干しておくと乾くのは、洗濯物に付いている水（液体）が少しずつ蒸発して水蒸気（気体）になり、風に運ばれて他の場所に行ってしまうからです。もっと直接的に確かめたい場合は、コップに水を入れて窓辺に置いておけば、少しずつ少しずつ水位が下がっていく様子を確かめられます（1日あたりほんの数mmずつかもしれません）[*1]。このように、水の蒸発はどのような温度でも起こっています。

　では水の蒸発が起こるしくみを少し詳しく見ていきましょう。前提として、以下の知識が必要です。

(1) 水はH_2Oという分子（粒のようなもの）でできている。
(2) 分子どうしは「分子間力」という弱い力で引っぱり合っている。
(3) 1つ1つの分子は温度に応じた速さで動いている。温度が高い方が平均速度は大きい[*2]。

[*1]　筆者が実際にコップの水を放置しておいて、水が蒸発する様子を撮影した動画のQRコードを掲載しておきます。1日あたり1mmぐらいずつ水位が下がっていきました　http://youtu.be/Vljjc7_WSmo
[*2]　13ページ：気温とは、空気の分子の運動の激しさ

液体の水を拡大してみると（図3.1）、水の分子がその温度に応じた速さで動いています。中には水面に向かって動いている分子もあるでしょう（図の①）。その調子で進んでいくと水面から外に向かって飛び出しそうですが、実際はそれほど簡単なことではありません。この水分子は周囲の水分子からの分子間力で引っぱられているわけですが、その力は図のように水の中に引き込むような向きになっています（図の②）。つまり、水面から飛び出そうとする水分子には、水中に引き戻されるような向きの力が常にかかるというわけです。しかし水分子が十分な速さをもっていれば、水面から外へ「脱出」することができます（図の③）。

このようにして液体の水の中から外へ水分子が出ていくことを蒸発と呼びます。また、蒸発した水分子の集団が水の気体で、これを水蒸気と呼びます。酸素や窒素などと同様に分子が飛び回っているわけですから、水蒸気も圧力を示します[*3]。水蒸気の圧力を特に水蒸気圧と呼びます。

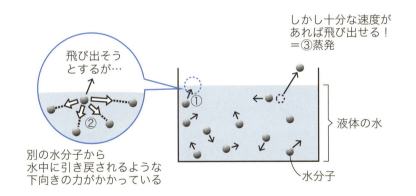

図3.1 蒸発のしくみ

水の温度が高ければ高いほど水分子の速さは速くなりますから、水面から脱出できる水分子も増えてきます。つまり、水温が高いほど蒸発が起こりやすいわけです。

ただし、水蒸気の量が増えてくると、空気中から水面にぶつかってくる水分子も出てきます（次ページ図3.2の④）。この場合は気体の水（水蒸

[*3] 58ページ：そもそも気圧って何？

気）が液体の水に戻ります。この現象を凝結と呼びます（凝縮とも言います）。水蒸気の量が十分多くなると、同じ時間内に水面から出ていく水分子と、水面に戻っていく水分子の数が等しくなります（図の⑤）。こうなると、水蒸気の量が変化しなくなりますので、見かけ上は蒸発が止まったようになります。この最終状態を飽和とか飽和状態と呼びます。

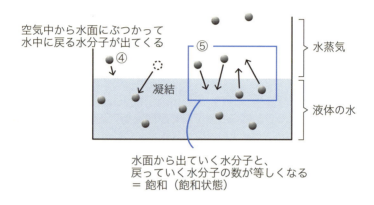

図3.2 飽和のしくみ

　温度が高いほど水は蒸発しやすくなりますから、飽和状態に達するためには凝結する水の量も多くなければなりません。つまり、温度が高い方が飽和状態における水蒸気量が多くなります。飽和状態における水蒸気の密度（体積1m³あたりに含まれる水蒸気の質量）を飽和水蒸気量と呼びますが、この飽和水蒸気量と温度の関係をグラフにすると、図3.3(1) のようになります。中学生のときに勉強された方も多いと思います。

　気象の本では、水蒸気の量ではなく水蒸気圧を用いている場合が多いです。水蒸気も気体ですから、気体の状態方程式 $p = \alpha \rho T$ が使えます。ここでは ρ は（空気ではなく）水蒸気の密度、p は水蒸気圧を表します。状態方程式から分かる通り、ρ と p は比例していますので、飽和状態における水蒸気圧（飽和水蒸気圧と呼びます）は、飽和水蒸気量と同様に温度とともに上昇する性質があると言えます。図3.3(2) のようになります。

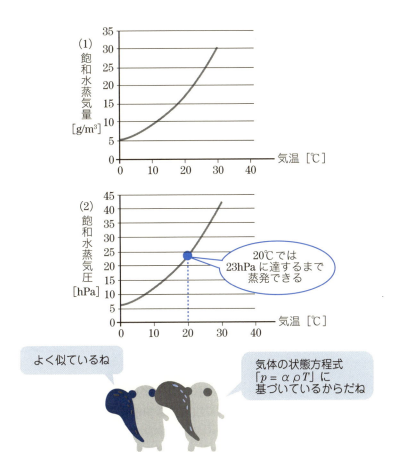

図3.3 飽和水蒸気量と飽和水蒸気圧

　新しい用語がたくさん出てきましたので、一度まとめます。水分子は温度に応じた勢いで蒸発・凝結し、温度が高いほど飽和水蒸気量（あるいは飽和水蒸気圧）の値は大きくなります。飽和水蒸気圧のグラフは今後も用いますが、イメージとして、<u>この温度だとどのぐらいの圧力まで蒸発できる</u>かを表したグラフなんだととらえていただくとよいと思います。例えば先ほどのグラフ（2）の20℃のところに注目すると「20℃では、水蒸気圧が23hPaに達するまでは蒸発できる」ということです。

❖空気中に含まれる水蒸気量

　水蒸気は大気中にどのくらい含まれているのでしょう。よく「窒素78％、酸素21％、その他もろもろで1％」という数字を見聞きしますが、水蒸気は1％以下なのでしょうか？

　実は違います。この78％や21％というのは「乾燥した（つまり水蒸気を含まない）空気」の場合の値です（表3.1）。水蒸気の割合は様々な条件で変化しますが、おおよそ0～4％といったところのようです。もちろん水蒸気が仮に4％存在する場合には、そのぶん窒素や酸素の比率が下がって、合計は100％になっています。

気体	存在比（％）[*4]
窒素	78.08
酸素	20.95
アルゴン	0.93
その他、二酸化炭素、一酸化炭素、ネオン、ヘリウム、メタン、クリプトン、一酸化二窒素、オゾンなど。	

表3.1 乾燥空気の組成

　通常、空気中に含まれる水蒸気量を表す場合には存在比はあまり用いられず、別の指標を用います。ただし目的によって実に様々な指標がありますので、全てを目にすると覚えきれずに混乱してしまいます。ここでは、この後の話の展開に必要な2つの指標、相対湿度と混合比についてご紹介します。

(1) 相対湿度

　まず相対湿度です。これは通常、単に湿度と呼ばれていて、中学の理科でも習いますし、テレビの天気予報にも登場しますので、多くの方にとってなじみの深いものだと思います。相対湿度とはその温度における飽和水蒸気量と、実際に含まれている水蒸気量の比率のことです。ここでの「量」とは密度 [g/m^3] のことです。相対湿度は普通はパーセントで表しますが、定義から分かる通り、飽和している空気の相対湿度は100％とな

[*4] この存在比は「空気1m^3に含まれる分子数の割合」で決めています。これは「体積比」と呼ばれることもありますので、他の本などを読まれる際には注意してください

ります。図3.4に22℃で相対湿度50％の空気の例を示します。

$$\text{相対湿度 [\%]} = \frac{\text{実際に含まれている水蒸気量 [g/m}^3\text{]}}{\text{飽和水蒸気量 [g/m}^3\text{]}} \times 100$$

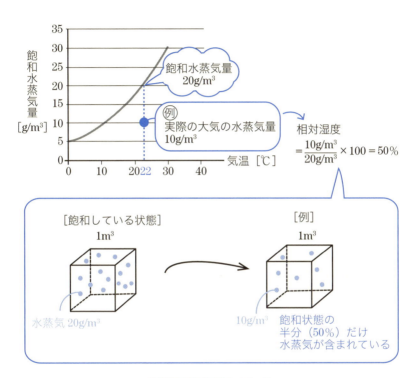

図3.4 相対湿度のイメージ

　相対湿度が低いと、その場にある液体の水はどんどん蒸発していきますし、相対湿度が高いとそれほど蒸発が進みません（凝結してくる水分子の数が増えるためです）。したがって、周囲の空気の相対湿度が低ければ汗をかいてもすぐに乾くでしょうし、相対湿度の高い空気中で汗をかくとなかなか乾かないでしょう。このように相対湿度は、我々が日常生活で感じる「からっとしている」「じめじめしている」という感覚と関係します（人間の感覚は、相対湿度以外の要因—例えば風や気温など—にも左右さ

れますので、相対湿度だけで決まるわけではありませんが)。

　また、水蒸気量そのものに変化がないとしても、温度が変化すれば相対湿度は変わります。

　ある空気塊を想像してみましょう。この空気塊の温度が30℃で、1m³あたり15gの水蒸気を含んでいるとします。すると、図3.5のグラフより、このときの相対湿度は50％となります。この空気塊の温度が下がっていくと、水蒸気量（15[g/m³]）は変化しませんが、飽和水蒸気量は減少していきます。グラフを見ると、およそ18℃のときに飽和水蒸気量が15[g/m³]となりますので、18℃でこの空気塊は飽和（＝相対湿度100％）に達します。この温度（18℃）を、この空気塊の**露点温度**と呼びます。

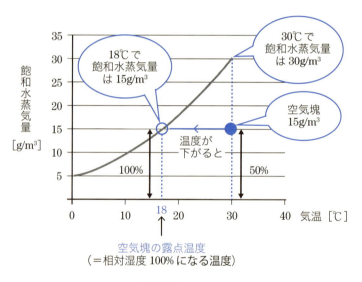

図3.5 露点温度

　空気の温度が露点温度よりも下がると、飽和水蒸気量を超えたぶんだけ水蒸気が凝結して水滴になります。氷水を入れたコップの外側に水滴が付くことがありますが、これはコップの外側の空気が氷水で冷やされ、空気の温度が露点温度以下にまで下がったために起こる現象です。雲も水滴の集まりですから、基本的には同じことが起こっています[*5]。

[*5] 131ページ:「温度が下がり湿度が上がって雲ができる」で述べます

(2) 混合比

　混合比というのは耳慣れない用語かと思いますが、後でエマグラムというものを見ていく際に必要ですので、ここでご紹介しておきます。

　まず混合比の前に乾燥空気という用語からです。空気から水蒸気だけを取り除いた残りを乾燥空気と呼びます。例えばここに1015gの空気があったとして、そのうち15gが水蒸気だとすれば、この空気は「乾燥空気1000g (1kg) に対して水蒸気が15g混合している」ということになります[*6]。

　そして混合比とは乾燥空気1kgと混合している水蒸気の量〔g〕のことで、単位は〔g/kg〕で表します。前述の例では混合比は15〔g/kg〕となります。一般的には、注目している空気塊に含まれる乾燥空気の量は1kgとは限りませんので、以下のような式で求めます。

$$混合比\,[g/kg] = \frac{水蒸気量\,[g]}{乾燥空気量\,[kg]}$$

乾燥空気 1000g（1kg）
水蒸気 15g
空気全体 1015g
(+)　混合比 15g/kg

乾燥空気 3000g（3kg）
水蒸気 45g
空気全体 3045g
(+)　混合比 15g/kg

乾燥空気の量と水蒸気の量が
同じ比率で増えているので、
これらの場合の混合比は等しくなります

図3.6　混合比

[*6] 水蒸気量や乾燥空気量を、質量（gやkg）ではなくて密度（1m³あたりの質量:g/m³やkg/m³）で表す場合もあります。単に質量を1m³あたりで考えるかどうかの違いだけですので、どちらの方法でも混合比は同じ数値になります

相対湿度と違って、この混合比の値を見ても「空気が飽和に近いかどうか」はよく分かりません。飽和水蒸気量が温度によって違うためです。しかし混合比には、周囲の空気と混じったり、水蒸気が凝結したりしない限り、注目している空気塊の混合比の値は変化しないという便利な特徴があります。このように、ある条件のもとで値が変化しないことを、物理の用語で保存すると言います。例えば「周囲の空気との混合や水蒸気の凝結が起こらない場合、混合比は保存する」というふうに表現します。

❖空気が飽和！　でもまだ雲はできません

「空気の温度が露点温度以下にまで下がると、飽和水蒸気量を超えた分だけ水蒸気が凝結して水滴になる」と解説しましたが、実際には温度が露点温度以下に下がってもすぐに水滴（雲）ができるとは限りません。水蒸気量が飽和水蒸気量を超えている状態を過飽和と呼びます。過飽和状態において、122ページで考えたような水面があれば、水面に向かって凝結する分子数が水面から蒸発する分子数を上回るため、すぐに水蒸気量が減って飽和状態に戻ります。しかし水滴のない空気が冷えて過飽和になった場合は、簡単には水滴ができないのです。

これは主に水の表面張力という性質のためです。表面張力は、風船のゴムのように水の表面が自ら縮もうとする力のことで、この力のおかげで水面の表面積はできるだけ小さくなろうとします。例えば水をはじきやすい材質でできた傘の上に水滴が落ちると、平べったく広がる（＝表面積が広くなる）のではなく、丸い形（＝表面積が小さい）になりますよね（図3.7）。

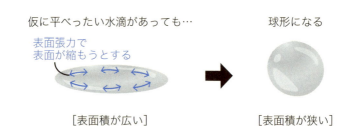

図3.7　表面張力

たまたま水蒸気の水分子が集まって小さな水滴ができたとします。そこに新たに水分子が入ってくると水滴の表面積が大きくなりますから、表面張力がこれを妨げるわけです。逆に水滴から水分子が出ていく（蒸発する）と水滴の表面積は小さくなりますので、表面張力はこれを妨げません（図3.8）。特に水滴の直径が小さいときは、水分子1個の出入りによって表面積が変化する度合いが大きいので、小さな水滴ほどなかなか大きくなることができず、むしろ蒸発してなくなってしまうことが多いのです。

図3.8 表面張力の働きと水滴の大きさ

　ある大きさの水滴を成長させるために、どのくらいの相対湿度が必要か…ということは計算によって求められています。その結果を抜粋したのが次ページの表3.2です。

　雲の粒の大きさは小さくても1μmぐらいあるのに対し、水分子の大きさは0.01μmのさらに100分の1程度の大きさです。ですから、水蒸気が凝結して雲の粒にまで成長するためには、最初の段階でかなり過飽和の状態になっていなければならないように思われます。

水滴の半径(μm)	成長に必要な相対湿度(%)
0.01	112
0.02	106
0.03	104
0.1	101
0.2	100.6

表3.2 水滴の成長に必要な相対湿度
(飽和時の相対湿度と水滴の半径との関係を表す「ケルビン方程式」より)

しかし実際には、相対湿度が101％[*7]程度の環境でも雲ができています。これは空気中に浮かんでいる様々な小さな粒子のおかげです。

❖小さな粒に大きな役割―凝結核

空気中には、風によって巻き上げられた土、海面のしぶきから生じた塩の粒、自動車の排気ガスや工場の煙突から出てくる煙の微粒子など、様々な大きさ・種類の粒が浮かんでいます。これらの粒は**エーロゾル（またはエアロゾル）** と総称されますが、水が凝結する際にはこれらが核となることがあり、その際には特に**凝結核**と呼ばれます。凝結核の大きさは、半径0.005μm程度の小さなものから、半径1μm以上の大きなものまで様々です。特に半径が0.2μm以上あると「大きな凝結核」、1μm以上だと「巨大な凝結核」と見なされます。

また、凝結核の中には特に水分子をよく吸い寄せる物質（塩など）でできたものがあります。これらを特に**親水性の凝結核**と呼びます。例えば海の上の空気中に多く含まれる塩の粒は、親水性の巨大な凝結核という分類になります。

雲ができる際には、親水性の大きな凝結核が主要な役割を果たします。例えば半径0.1μmの凝結核が空気中の水蒸気を吸い寄せると、表面に水の膜ができて、外から見ると「半径0.1μmの水滴」と同じ姿になります。表3.2の数値より半径0.1μmの水滴の成長に必要な相対湿度は101％ですから、すなわち、相対湿度が101％の環境でもより大きな水滴へと成長できるのです。

[*7] 例えば「相対湿度が101％」というのは、空気中に含まれる水蒸気量が飽和水蒸気量を1％超えているという意味です

❖温度が下がり湿度が上がって雲ができる

いよいよここまでの話をまとめて、雲ができる過程を追ってみましょう。前の章で述べたこともいくつか出てきます。雲ができるということ1つをとっても、それだけ多くの原理が関わってくるということですので、気象というのはまことに面白いような、複雑なような…ですね。

(1) 空気塊が上昇する

スタートは「何らかの方法で空気塊が上昇する」ところからです。この現象が生じるケースは、以下の2つに大別できます。

(a) 地表付近の空気塊が太陽光で温められるケースです。空気塊は、温められると膨張し、密度が下がります。すると浮力が重力を上回るため、空気塊は上昇します*8。

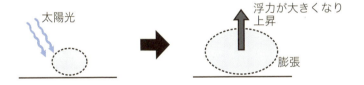

図3.9 空気塊の上昇するパターン1

(b) 風が地形や他の空気で遮られ、強制的に上向きに動かされるケースもあります。これはより細かく分類すると、山の斜面に沿って上昇する場合（図3.10①）、寒気の上に乗り上げる場合（図3.10②）、地表で空気が収束することによって上昇する場合（図3.10③）となります。

---

*8　70ページ：浮力はいつでもかかっている

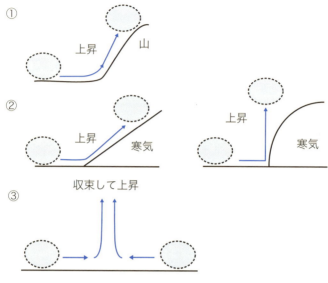

図3.10 空気塊の上昇するパターン2

(2) 断熱膨張で温度が下がる

　空気塊が上昇すると、周囲の圧力が下がるため、それに合わせて空気塊の圧力も下がります。いま考えているような空気塊はけっこう大きなサイズのものを想定していますので、このときに外の空気との熱のやりとりは無視できます。第1章で述べたように[*9]、空気はあまり熱を伝えないのです。このように、周囲と熱のやりとりをせずに気体の状態が変化することを断熱変化と呼びます。

　断熱変化を理解するために必要なのは、気体の状態方程式[*10]と熱力学第1法則[*11]、および気体の温度と熱エネルギーの関係[*12]です。熱力学第1法則においては、熱の出入りがないため、熱の値を0にします。すなわち、次の4つの式を使っていきます。bとb'は同じ意味の式で、表現を変えただけのものです。

●状態方程式

$$p = \alpha \rho T \quad \cdots (a)$$

[*9] 16ページ：伝導
[*10] 61ページ：気圧は自由に決まらない—状態方程式
[*11] 31ページまとめ：気温の高低と熱エネルギー
[*12] 13ページ：気温とは、空気の分子の温度の激しさ

●**熱力学第1法則**

空気塊の熱エネルギーの減少量 ＝ 空気塊がした仕事 …（b）
（空気塊の熱エネルギーの増加量 ＝ 空気塊がされた仕事）…（b'）

●**気体の温度と熱エネルギーの関係**

空気塊の熱エネルギーが大きい ＝ 温度が高い …（c）

断熱変化で空気塊の圧力が下がると、体積が増加し、温度が下がるということが次のようにして分かります[*13]（図3.11）。

まず、断熱変化で圧力が下がったとき、空気塊の体積が増加したとします。すると当然、（空気塊の質量は変わらないので）密度 ρ は低下します。さらに、「仕事」の節で述べた通り、空気塊が膨張したということは、空気塊は仕事をしたと言えます[*14]。すると式bより、空気塊の熱エネルギーは減少し、さらに式cより温度 T が下がることが分かります。圧力 p が下がったとき、密度 ρ が下がり、温度 T も下がるというのは、式aと矛盾しません（つまり式aを満たすように ρ や T の下がり方が決まります）。

一方、断熱変化で圧力が下がったとき、もし空気塊の体積が減少したとするとどうでしょう。密度 ρ は上昇します。さらに空気塊が収縮したということは「空気塊が仕事をされた」ことになりますから、式b'より空気塊の熱エネルギーは増加し、式cより温度 T が上がることが分かります。圧力 p が下がったのに、密度 ρ と温度 T の両方ともが上昇してしまうというのは、式aと矛盾してしまいますので、決して起こりません。

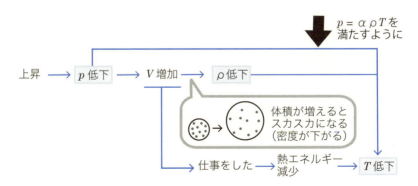

図3.11 断熱膨張によって温度が下がるしくみ

[*13] もしも体積が増加したとしたら式a、b、b'、cに矛盾が起こらず、体積が減少したとしたら矛盾が生じてしまう…という順序で説明しています
[*14] 19ページ参照

以上のようなわけで、空気塊が上昇すると、断熱変化で膨張し（これを断熱膨張と呼びます）、温度が下がるわけです。ちなみに静力学平衡が成り立っている場合は、高度とともに圧力がどのように下がっていくかが分かるので[*15]、断熱膨張する空気塊の温度の下がり方も計算できます。水蒸気の凝結がない場合は、1km上昇するにつれておよそ10℃の温度低下が起こります。この温度減率を乾燥断熱減率と呼びます（水蒸気の凝結がある場合については、以下の**(3)**を参照してください）。

　ちなみに、空気塊が下降する場合はこの逆のこと…すなわち、断熱変化で空気塊が圧縮され、温度が上がるということが起こります。これを断熱圧縮と呼びます。

(3) 飽和に達すると凝結核を中心として水滴が成長する

　空気塊が上昇していくと温度が下がるので、飽和水蒸気量が低下してきます[*16]。一方、空気塊に含まれる水蒸気量は変化しません。したがって空気塊の上昇が続けばいずれは飽和に達し、過飽和状態へと移行します。このとき適切な大きさの凝結核が十分あれば、凝結核を中心として水蒸気が凝結し、水滴が成長します[*17]。こうしてできた水滴の集まりが雲なのです（図3.12）。

　なお、飽和に達した後にさらに空気塊が上昇すると、断熱膨張で温度が下がって水蒸気の凝結が進む一方で、潜熱（凝結熱）が放出されます[*18]。この潜熱のために、空気塊の温度は少し下がりにくくなり、1km上昇するにつれておよそ4〜6℃の温度低下となります。

　この温度減率は湿潤断熱減率と呼ばれ、飽和に達したときの圧力や温度の条件で値が変わります。例えば、温度が低い空気塊はほとんど水蒸気を含むことができないので、断熱膨張をしてもほとんど水蒸気が凝結せず、したがって潜熱の放出もほとんどありません。つまり、低温の空気塊の湿潤断熱減率は乾燥断熱減率とあまり変わらない値になります。

[*15]　64ページ：上空では気圧が低いシンプルな理由
[*16]　124ページ：空気中に含まれる水蒸気量
[*17]　130ページ：小さな粒に大きな役割—凝結核
[*18]　28ページ：潜熱

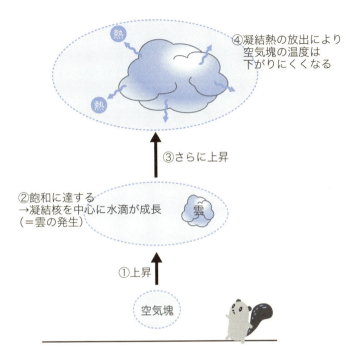

図3.12 雲のできるしくみ

(4) まとめ

空気塊が温められるか地形などの影響で上昇を始めると、断熱膨張によって温度が下がります。空気塊の上昇が続けば温度は下がり続け、いずれは過飽和状態に達します。すると、凝結核を中心として水蒸気が凝結し、雲の粒へと成長します。

❖色々な種類の雲

　雲はできる環境によって様々な形になります。細かく分類すると果てしないのですが、もっとも基本的な分類方法として国際的に取り決めがなされているのは**十種雲形**というものです。これは雲を形と高さに着目して10種類に分けたもので、図3.13のようになっています。また、通常は積雲と積乱雲を**対流雲**と呼び、その他の雲を**層状雲**と呼んでいます。

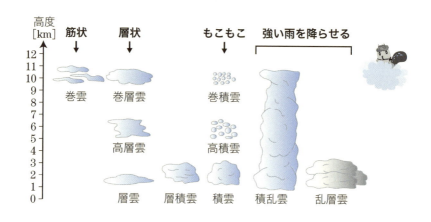

図3.13 十種雲形

　この図を見ながら10種類の名前と形・高度を覚えれば十分なのですが、意外と覚えにくいですよね。そこで以下のようにざっくり分類してみてはどうでしょうか[19]。

(1) 形については、だいたい層状に広がったものは「〜層雲」、もこもこしたかたまりになっているものは「〜積雲」という名前になっています。
(2) 高さについては、雲底高度（雲の最下部の高さ）によって大まかに「上層雲（高度5km〜対流圏界面）」「中層雲（高度2〜7km近辺）」「下層雲（高度2km以下）」に分けられ、上層雲は「巻〜」、中層雲は「高〜」と名前を付けます。

---

[19] ここで述べる高さ・形と名前の対応関係はオフィシャルなものではなく、「こんな風に覚えると楽かもしれませんよ」という著者からの提案です

(3) ここまでで、大まかに表3.3のように7種類の名前ができます。

	層状	もこもこ
上層	巻層雲	巻積雲
中層	高層雲	高積雲
下層	層雲 層積雲（積雲と層雲の中間的な雲）	積雲

表3.3　層と形状による大まかな命名

(4) 強い雨を降らせる雲には「乱」という文字が入っています（積乱雲と乱層雲）。「乱」の文字がなくても雨を降らせる雲はほかにもありますが、「乱」の付く2種類の雲は特に強い雨を降らせることが多いです。

(5) 巻雲は、上層にあって「もこもこ」とも「層状」とも言いがたい、筋状の雲に付けられる名前です。

	上層雲
巻積雲	上層にあるもこもこした雲　別名:うろこ雲
巻層雲	上層にある広がった雲　別名:うす雲
巻雲	上層にある（もこもこでも広がってもいない）筋状の雲 別名:すじ雲
	中層雲
高積雲	中層にあるもこもこした雲　別名:ひつじ雲
高層雲	中層にある広がった雲　別名:おぼろ雲
乱層雲	中層にある雨を降らせる雲　別名:雨雲
	下層雲
層雲	下層にある広がった雲　別名:きり雲
層積雲	下層にあるもこもこした雲　別名:うね雲
	下層雲のうち対流雲
積雲	もこもこして、上昇気流で発達する雲　別名:わた雲
積乱雲	もこもこして、大雨を降らせる雲　別名:入道雲

表3.4　層と形状による雲の名前の分類

まとめると名付けに統一性があることが分かるね

❖安定な大気、不安定な大気

ところで、「温度が下がり湿度が上がって雲ができる」の節[20]で触れなかったことがあります。それは空気塊が飽和に達するまで都合よく上昇が続くかという点です。これは空気塊が飽和しているかどうかと周囲の空気の温度減率の2つの要因によって決まっています。

「浮力はいつでもかかっている」[21]で述べたように、空気塊の密度が下がれば受ける浮力が増し、空気塊の密度が上がれば受ける浮力が減ります。このことを念頭に置いて以下のプロセスを追跡しましょう。

131ページの**(1)**に挙げたどれかの理由で、少し空気塊が上昇したとします。すると**(2)**で述べたように断熱膨張しますから、温度が下がります。もしここで空気塊の温度が周囲の気温よりも低くなれば、空気塊の密度が周囲よりも大きくなるため、空気塊にかかる浮力が重力より小さくなり、空気塊は下降していきます。逆に、空気塊が上昇して温度が下がった際に、周囲よりも温度が高かったとすると、浮力が重力に勝るために空気塊はさらに上昇します（図3.14）。

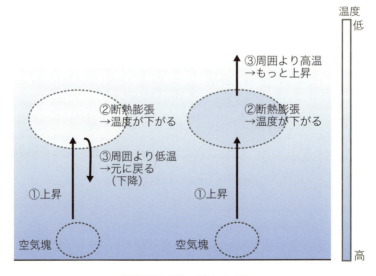

図3.14 空気塊の上昇のしくみ

---

*20　131ページ参照
*21　70ページ参照

より具体的に、数値を用いて考えてみましょう。周囲の空気の温度減率は、時と場合によって異なりますが、一例として対流圏の平均的な温度減率である「1kmあたり6.5℃」という値を用います[*22]。地表の気温が20℃だとすると、1km上空では気温は13.5℃となっています。このような大気をこの章では「平均的な大気」と呼ぶことにします。

いま、空気塊が地表から1km上昇したとします。このとき空気塊が飽和に達しなかったとすると、乾燥断熱減率（1kmあたり10℃；134ページ）で温度が下がりますので、20℃が10℃になります。一方、空気塊が最初から飽和していたとすると、湿潤断熱減率（1kmあたり約5℃；134ページ）で温度が下がりますので、20℃が15℃になります。1km上空での周囲の温度と比べると、空気塊が飽和に達しなかった場合は空気塊の方が低温なので下降し、空気塊が最初から飽和していた場合は空気塊の方が高温のでより上昇するということが分かります（図3.15）。上昇すればするほど温度が下がるので、水蒸気がどんどん凝結して雲が成長していきます。

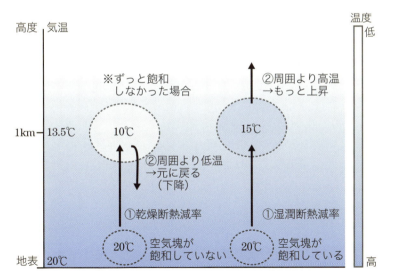

図3.15 具体的な数値で見てみると

＊22　44ページ：高度による気温の違い

つまり、「平均的な大気」の中では、飽和している空気塊ならば上昇を続けられます（雲が成長します）が、飽和していない空気の場合はそうはならないということですね。

ここで安定、不安定という概念をご紹介します。空気塊が少し上昇したとき、重力が浮力に勝って空気塊が元の位置まで下降するような状態のことを「安定」と呼び、空気塊が少し上昇したとき、浮力が重力に勝ってそのまま上昇が続くような状態のことを「不安定」と呼びます。言葉のイメージとしては、「少し変化が生じたときに、その変化が拡大する状態が不安定、変化が解消される状態が安定」という意味です。

空気塊が飽和している方が、上昇したときに温度があまり下がらないので不安定になりやすいです。例えばこの節で例に挙げた「平均的な大気」は、乾燥している（水蒸気を含まない）空気塊に対しては安定で、飽和している空気塊に対しては不安定です。このような大気の状態は条件付き不安定と呼びます。乾燥している空気塊に対しても不安定な大気は絶対不安定、飽和している空気塊に対しても安定な大気は絶対安定と呼びます（図3.16）。

なお、図3.16では飽和空気と乾燥空気の2つしか扱っていませんが、実際には「水蒸気を含んでいるけれども飽和していない（未飽和の）空気」もありますよね。地表で未飽和だった空気塊が上昇途中に飽和に達すると、以後は湿潤断熱減率で温度が下がるため、上空では周囲の大気よりも空気塊の方が温度が高くなるかもしれません。

例えば「平均的な大気」において、地表で未飽和の空気塊の温度が20℃だとします。この空気塊が100m上昇したとき（19℃で）飽和に達し、以後は湿潤断熱減率で温度が低下するとしたら、1km上昇したときには14.5℃になります。これは「平均的な大気」の1km上空での温度13.5℃を上回っているので、この空気塊は上昇を続けますね。このようなことが起こる大気の状態が「条件付き不安定」です。

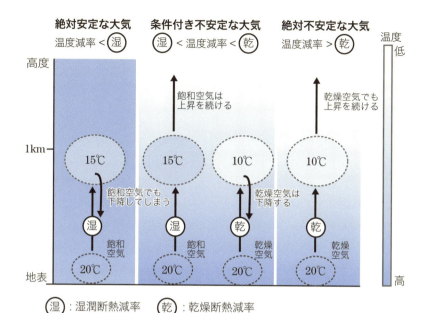

図3.16 安定・不安定と空気塊の上昇

　天気予報などで「上空に寒気が入り込んでいるため」あるいは「南の海上から湿った空気が流れ込み」という理由で「大気の状態が不安定になっていますので、大雨に注意しましょう」というふうに説明されているのをよく聞きますが、この節に述べてきたことで理解できますね。「上空に寒気が入り込む」とは「周囲の大気の温度減率が大きい」ことに相当しますし、「湿った空気が（下層に）流れ込む」とは「下層の空気塊が飽和、またはそれに近い」ことに相当します。どちらの状態も、ちょっと上昇した空気塊がそのまま上昇を続けやすい条件（すなわち「不安定」）ですから、雲が発達しやすいです。このような場合は対流雲、特に積乱雲が発達します。

　この節で述べてきたように、大気の状態が不安定な場合は対流雲（特に積乱雲）が発達しやすいわけですが、不安定でない場合も、前線に伴う上昇気流などがあれば層状雲は発生しますので、念のため注意してくださいね。

> **まとめ** 雲の形成には温度が大きく関わる
>
> 　どのくらい水が蒸発できるか（水蒸気になれるか）は温度で決まっています。空気塊が断熱的に膨張して温度が下がり、温度が露点温度に達すると、凝結核の助けを借りて水蒸気の凝結が起こります。これが雲です。
>
> 　実際の大気中では、空気塊が少し温まって上昇を始めたときに、そのまま上昇を続けるか（不安定な大気）、もとの位置に下降するか（安定な大気）に分かれます。これは大気の温度減率が空気塊の温度減率と比べてどうか…ということで決まっています。特に、大気の温度減率が大きく、空気塊の温度減率が小さい場合に不安定になりますので、「上空に寒気が流れ込む」とか「湿った空気が下層に流れ込む」ということがありますと、不安定な状態になりやすいです。

3.2 エマグラムを理解しよう

❖エマグラムの基本

　空気塊が上昇するとどのあたりで雲ができそうかとか、そのまま上昇を続けそうか（不安定かどうか）……などといったことを把握するために、**エマグラム**という図がよく使われます（図3.17）。この図には色々な線や数字が記入されていて目が回りそうになるのですが、一つひとつの線の意味と使い方をマスターしていけば便利なものですよ。丁寧に見ていきましょう。

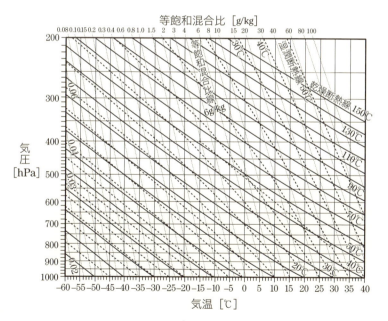

http://en.wikipedia.org/w/index.php?title=File:Emagram.GIF
掲載のファイルを日本語化

図3.17 エマグラム

まず、エマグラムは横軸が温度（右ほど高い）、縦軸が気圧（上ほど低い）になっています。気圧が低いほど高度は高いわけですから、<u>エマグラムの上ほど高度が高い</u>と表現してもかまいません。この図上に<u>乾燥断熱線</u>（太実線）、<u>湿潤断熱線</u>（太点線）、<u>等飽和混合比線</u>（細点線）というものが引いてあります。前者2つは<u>空気塊が上昇したときの温度・気圧の変化</u>を表しているのに対し、等飽和混合比線は<u>温度・気圧を指定したときの飽和混合比</u>を表しているので、線を見るときの頭の使い方が逆なんですよね。

(1) 乾燥断熱線・湿潤断熱線

空気塊が飽和せずに上昇していくと、高度1kmあたりおよそ10℃の割合で温度が低下するのでしたね[*23]。ところで高度1kmあたり気圧は120hPa程度下がるので[*24]、まとめると「空気塊が飽和せずに上昇すると、気圧がだいたい120hPa下がったときに気温は約10℃下がる」と言えます。

例えば1000hPaで20℃の空気塊があるとします。この空気塊は、エマグラム上の「1000hPa」の横線と「20℃」の縦線が交わる点（図3.18の点A）で表します。この空気塊が飽和せずに上昇すると、気圧が880hPaになったときに気温が10℃ぐらいになるというわけです（図3.18の点B）。この気圧・温度の変化を線で表したのが<u>乾燥断熱線</u>です。

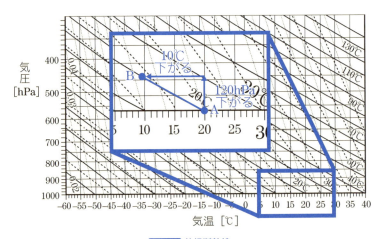

図3.18 乾燥断熱線

[*23] 131ページ：温度が下がり湿度が上がって雲ができる
[*24] 64ページ：上空では気圧が低いシンプルな理由

その他の乾燥断熱線も見てみると、どれもだいたい「上に120hPa、左に10℃」の傾きの線になっていることが分かります。なお、上空では少し傾きが違っていますが、これは上空ほど空気が薄いため、高度と気圧の関係が「1kmあたり120hPa」からずれることが原因です[*25]。

同様に、空気塊が飽和した状態で上昇していくと、高度1kmあたり4〜6℃の割合で温度が低下しますので[*26]、この温度減率（湿潤断熱減率）を表す線を引くことができます。これが**湿潤断熱線**です。

また例を考えましょう。1000hPaで20℃の空気塊があり、今度は飽和しているとします。この空気塊が上昇したとすれば、1km上空（およそ880hPa）では気温は16℃程度になります（図3.19の点C）。したがって、エマグラム上には点Aから点Cを通るような湿潤断熱線が引かれています。

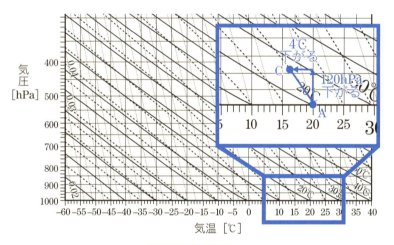

図3.19 湿潤断熱線

エマグラム全体（図3.17）を見てみると、高温の空気塊（エマグラムの右側）に対しては湿潤断熱線と乾燥断熱線の角度はかなり違いますが、低温の空気塊（エマグラムの左側）に対しては湿潤断熱線と乾燥断熱線はほぼ平行になっていることが分かります。これは、低温の空気塊はほとんど水蒸気を含むことができないので[*27]、上昇に伴って放出される潜熱もほとんどないということを反映しています。

[*25] 64ページ：上空では気圧が低いシンプルな理由
[*26] 131ページ：温度が下がり湿度が上がって雲ができる
[*27] 120ページ：空気に混じる「目に見えない水」——水蒸気

なお、乾燥断熱線・湿潤断熱線ともに「20℃」などと温度が書き込まれています。これはその線に沿って気圧1000hPaの位置まで空気塊が移動したときの温度を表しています。本書ではこれについてはあまり深入りしませんが、色々な空気塊を「1000hPa」という同じ環境下にもってくると温度はどれが高いだろう…と比較をするために使われます。

(2) 等飽和混合比線

混合比[*28]とは、「乾燥空気1kgに対して何gの水蒸気が混じっているか」という数値のことでした。同じ温度で比べれば、湿った空気（相対湿度が高い空気）ほど混合比の値も大きくなります。

相対湿度100％のときの混合比の値を飽和混合比と呼びます。要するに、空気中に飽和水蒸気量[*29]ギリギリまで水蒸気が含まれているときの混合比です。この飽和混合比の値が等しくなる温度・圧力を線でつなげたのが等飽和混合比線です。

この線の傾きについて理解するには、多少の式変形をしなければなりません。この後のコラムで説明してありますので、ご興味のある方は紙と鉛筆を準備してぜひお読みください。結論としましては、ともかくエマグラム上で飽和混合比の値が等しくなる点をつなげると、左上に向かって伸びるような線になるのです。

等飽和混合比線に書き込まれている数値は、それぞれの線上における飽和混合比の値（g/kg）です。図の右ほど大きな値になっていますが、これは温度が高いほど飽和水蒸気量が大きくなることを反映しています。

また、資料によっては等飽和混合比線のことを「等混合比線」と書いてある場合もありますので、他の本などを読まれる際には注意してくださいね。

---

*28　124ページ：空気中に含まれる水蒸気量
*29　120ページ：空気に混じる「目に見えない水」─水蒸気

飽和混合比と温度・圧力

127ページの混合比の定義式を用いて、飽和混合比が温度と圧力によってどのような値をとるのか考えてみましょう。

$$混合比 = \frac{水蒸気密度\,[\mathrm{g/m^3}]}{乾燥空気の密度\,[\mathrm{kg/m^3}]}$$

です。127ページで述べたように「量」を密度で表してもよいので、ここでは密度の方を用いました。この定義を用いると

$$飽和混合比 = \frac{\textbf{飽和状態における}水蒸気密度\,[\mathrm{g/m^3}]}{乾燥空気の密度\,[\mathrm{kg/m^3}]}$$

となります。また、乾燥空気に水蒸気を加えたものが空気全体ですが、水蒸気の質量は乾燥空気に比べて微々たるものですから、分母は空気全体の密度で置き換えてもほぼ問題ありません。つまり次の式を用います。

$$飽和混合比 \fallingdotseq \frac{飽和状態における水蒸気密度\,[\mathrm{g/m^3}]}{空気の密度\,[\mathrm{kg/m^3}]}$$

水蒸気や空気の密度 ρ は、状態方程式 $p = \alpha \rho T$ を満たします。ここで α の値は気体の組成によって異なりますので[*30]、水蒸気と空気では異なる値となります。これを区別するために $\alpha(水蒸気)$、$\alpha(空気)$ と表すことにします。すると

$$p(水蒸気;飽和) = \alpha(水蒸気)\,\rho(水蒸気;飽和)\,T$$
$$p(空気) = \alpha(空気)\,\rho(空気)\,T$$

となります。水蒸気は空気に混じっているので、温度 T は共通です。これらの式を飽和混合比の式に代入すると

$$飽和混合比 \fallingdotseq \frac{\rho(水蒸気;飽和)}{\rho(空気)}$$

[*30] 61ページ：気圧は自由に決まらない―状態方程式

$$= \frac{p(水蒸気;飽和)}{p(空気)} \times \frac{\alpha(空気)}{\alpha(水蒸気)}$$

となります。ここで $\frac{\alpha(空気)}{\alpha(水蒸気)}$ の部分は単なる定数で、0.622 ぐらいの値になります。

　それでは等飽和混合比線がエマグラム上でどういう傾きの線になるか想像してみましょう。念のため注意ですが、エマグラムの縦軸の「圧力」は式中の $p(空気)$ のことであり、$p(水蒸気;飽和)$ とは「飽和水蒸気圧」のことです。

　さて、式を見てみると、飽和混合比の値を一定にするためには「$p(空気)$ を小さくしたとき $p(水蒸気;飽和)$ も小さくなればよい」ということが分かります。さらに $p(水蒸気;飽和)$ を小さくするためには温度を下げればよいですね[*31]。

　以上をまとめると、飽和混合比の値が一定であるような線は、$p(空気)$ が下がれば温度も下がるような傾き、すなわち図の右下から左上へ伸びていくような線になると言えます。

❖エマグラムの読み解きに挑戦！

　では、ここまでに準備したことを用いて、エマグラムを実際に使ってみましょう。代表的な使い方をいくつかご紹介します。

(1) どの辺の高度に雲がありそうか、見当をつける

　いくつかの観測所では、高度（気圧）ごとの気温と露点温度を測定しています。この観測データをエマグラム上に点で示し、つなげてみましょう。例えば2014年5月17日の釧路のデータを用いると、図3.20のようになります。測定された気温をつなげた線を気温曲線、露点温度をつなげた線を露点温度曲線と呼びます。

[*31] 120ページ：空気に混じる「目に見えない水」―水蒸気

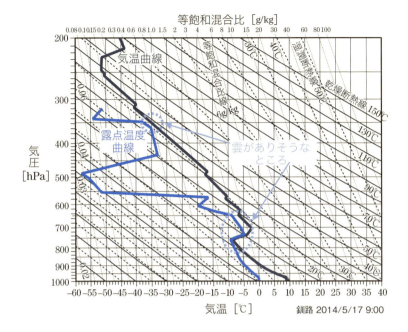

図3.20 気温曲線と露点温度曲線

　「平均的な大気」のことを思い出すと、気温曲線は「1kmあたり約6.5℃」の割合で温度が下がる傾きなのかなと思いがちですが、実際はそうでもありませんね。高度によってガタガタと傾きが変わっています（何ヶ所か、高度が高い方が気温が上がっているところもあります）。その日その日の大気の状態によって、このように平均からずれるのが普通なんですね。

　露点温度曲線はよりいっそうガタガタしていますね。これはもちろん、それぞれの高度で空気に含まれている水蒸気量の違いを反映しています。

　このように気温曲線と露点温度曲線を引いてみると、ところどころ気温と露点温度が近い値になっている高度（気圧）を見つけることができます。こういうところでは「ちょっと気温が下がるだけですぐ露点温度に達する（雲ができ始める）」という条件になっていると思われます。実際にはだいたい気温と露点温度の差が3℃以下の領域では雲ができていること

が多いので、図に示した2ヶ所の高度には雲があるだろうと推測できます。

> **気温と露点温度の差が3℃で雲？**
>
> 　本文中に「だいたい気温と露点温度の差が3℃以下の領域では雲ができていることが多い」と書きましたが、これはつまり気温が露点温度より3℃程度高くても雲ができている（ことが多い）ということです。このことは、「未飽和でも雲ができる」ということを意味するのではありません。観測装置のあたりで気温と露点温度の差が3℃以内におさまっていれば、その周辺では気温が露点温度にまで達していることが多いため、実際にそのあたりで雲ができることが多い…という経験則を表しています。

　ちなみに、このような目的でエマグラムを使用する場合には、エマグラムに引かれた3本の線はまだ使用しません。3本の線は、気温曲線や露点温度曲線を引いた後、次の **(2)** の方法と組み合わせて使います。

(2) 空気塊が上昇したときに、どの辺の高度で雲が発生するかを調べる

　いよいよ3本の線を使っていきます。気温曲線と露点温度曲線がすでに引かれているところからスタートします。説明のために適当な気温曲線と露点温度曲線を引いた図3.21に基づき、考えていきます。図中の点や線をなぞりながら、以下の文章を読んでいってください。

　1000hPaにおいて気温が30℃の空気塊（点B）が上昇していくとどうなるか、考えてみましょう。まず前提として、1000hPaにおける露点温度は16℃(点A)なので、この空気塊は飽和していません。したがって、この空気塊が上昇する際は、エマグラム上では乾燥断熱線に沿って変化していきます。

　では、この空気塊はどの高度で飽和に達するでしょうか。これを考えるためには、上昇する空気塊の露点温度は、最初の露点温度（点A）を通る等飽和混合比線に沿って変化するという事実[32]を用います。

---

[32]　153ページコラム：露点温度は等飽和混合比線に沿って変化する

すると、点Bを通る乾燥断熱線と、点Aを通る等飽和混合比線の交点（点C）の高度まで空気塊が上昇したときに、この空気塊の温度は露点温度に達する（すなわち水蒸気の凝結が起こる）と言えます。

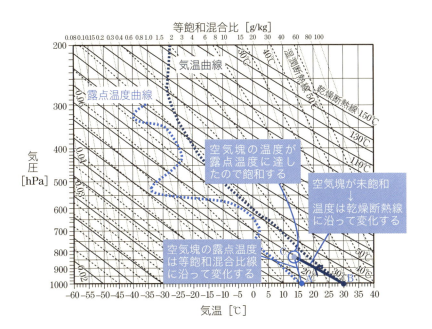

図3.21 空気塊の状態変化の様子（飽和するまで）

このようにして空気塊が飽和に達する高度を**持ち上げ凝結高度（LCL）**と呼びます。空気塊を何らかの方法で持ち上げたとき、初めて水蒸気が凝結する高度という意味あいですね。さらに空気塊を持ち上げたらどうなるでしょうか。今度は、空気塊はすでに飽和していますので、圧力・気温は湿潤断熱線に沿って変化します（次ページ図3.22の線C→D）。このまま線をたどっていくと、湿潤断熱線が気温曲線と交わる点が出てくることがあります（図3.22の点D）。この高度を**自由対流高度（LFC）**と呼びます。この高度を超えて上昇すると、図から分かるように空気塊の温度が周辺の空気の温度を上回りますので、あとは放っておいても（持ち上げる力

を加えなくても）空気塊は勝手に上昇していきます。つまり自由対流高度とは、そこを超えると放っておいても空気塊が上昇していくような高度という意味です。

ですから、この自由対流高度まで何らかの方法[*33]で空気塊を上昇させることができれば、その後は空気塊は上昇を続け、雲も成長を続けるというわけです。さらに空気塊が湿潤断熱線に沿って上昇していくと、再び気温曲線と交わるところが出てきます（図3.22の点E）。この高度を平衡高度と呼びます。この高さを超えると、再び空気塊の方が周囲の空気よりも低温になるため、空気塊はひとりでには上昇を続けることができません。

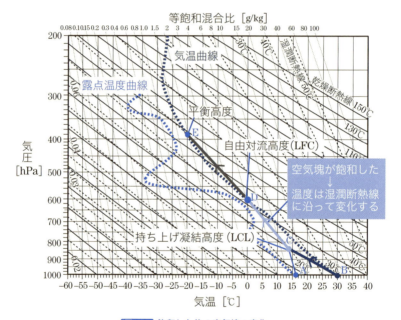

図3.22 飽和した後の空気塊の変化

このようにして、空気塊が何らかの力によって上昇させられると、持ち上げ凝結高度から雲を作り始め、自由対流高度を超えるとひとりでに上昇を続け、平衡高度に達するまで雲を成長させ続けるということが起こります。そうして発生するのが積乱雲で、持ち上げ凝結高度が雲の一番下（雲

[*33] 131ページ：温度が下がり湿度が上がって雲ができる（1）

底）の高度、平衡高度が雲の一番上（雲頂）の高度にだいたい対応しています。

なお、気温曲線は日によって色々な形になりますから、自由対流高度、平衡高度が存在できない場合もあります。

露点温度は等飽和混合比線に沿って変化する

本文150ページで「空気塊の露点温度は等飽和混合比線に沿って変化する」ということを述べましたが、なぜこのような事実が成り立つのでしょうか。少し難しいかもしれませんが、考えてみましょう。

例として図3.21や図3.22の点A（1000hPa・16℃）について考えます。点Aの付近を通る等飽和混合比線の値から考えると、点Aの飽和混合比の値は12g/kgぐらいですね。この数値は次のような意味です。

①1000hPaで16℃の空気が飽和しているとすると、混合比の値は12g/kgである。

一方、点Aは、現実の空気塊（点B；1000hPa・30℃）の露点温度でもありますから、次のことも成り立ちます。

②現実の空気塊の温度が1000hPaで16℃まで下がると飽和する。

ここで、「一定量の空気塊に注目する限り混合比の値は変わらない」という事実[34]を利用すると、①と②から「現実の空気塊（点B）の混合比は12g/kgである」ということが言えます。

点Bの空気塊が上昇していく際にも混合比は12g/kgで一定ですから、上昇中の空気塊の露点温度はつねに「混合比12g/kgの空気が飽和する温度」となります。これはすなわち「12g/kgの等飽和混合比線」に沿って露点温度が変化することを表します。

---

[34] 124ページ：空気中に含まれる水蒸気量（2）

(3) フェーン現象を予測する

　高い山に向かって風が吹き付けると、風が山を越える際に雲ができて雨が降り、山を越えたときには乾燥した高温の風になっていることがあります。これを**フェーン現象**と呼びます。この現象のしくみを理解し、さらにエマグラム上での空気塊の動きを見てみましょう。

　まず、エマグラムなしで現象の概略を理解しましょう。高さ2000mの山に向かって気温20℃の風が吹き付け、山肌に沿って上昇し始めたとします。すると気温は乾燥断熱減率（1kmあたり10℃）にしたがって下がっていき、高度1000mでは10℃にまで低下します。ここで風（空気塊）が飽和に達したとすると、雲が発生し始めます。このまま雲が発達し、雨を降らせながら風が山頂に達したとします。高度1000mから山頂（高度2000m）までの間は、気温は湿潤断熱減率（1kmあたり5℃としましょう）で下がっていきますので、山頂での気温は5℃にまで下がります。このあと風は山を下っていくわけですが、山を上っていく過程で雨が降ったことにより、風にはもう水滴（雲）が含まれなくなったとすると、山を下る際の温度変化は乾燥断熱減率にしたがいますので、山の向こうまで降りたときには気温は25℃になっています（図3.23）。

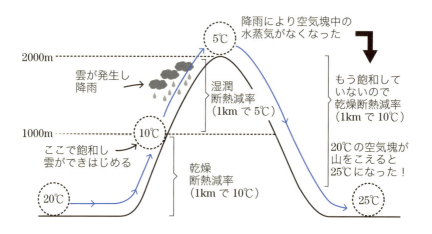

図3.23 フェーン現象のしくみ

ではこの現象をエマグラム上で理解してみましょう。地表の気圧を1000hPaとしますと、最初の「気温20℃の風」は図3.24の点Aとなります。その後、乾燥断熱線A→Bに沿って1km(気圧で言うと約120hPa)上昇し、そこで飽和して湿潤断熱線B→Cに沿ってまた1km上昇します。そこから今度は乾燥断熱線C→Dに沿って2km下降しますので、地表(気圧1000hPa)に達したときにはおよそ25℃になっています（図3.24の点D）。

この例では計算を楽にするために1000mの高度で飽和したことにしていますが、もっと低い高度で飽和した場合は、風が山を越えて地表に達したときの気温は25℃よりもっと高くなっています。これもエマグラムで見てみると簡単に分かります（次ページ図3.25）。

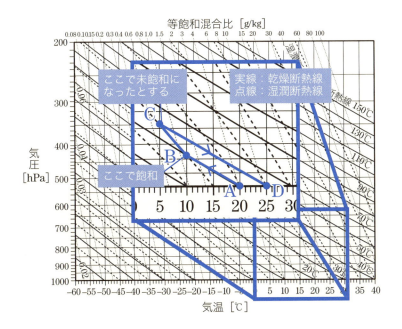

図3.24 エマグラムで見るフェーン現象

例えばこの図は、先ほどと同じ20℃の空気塊（A）が15℃で飽和し（B'）、雨を降らせながら2000mまで上昇（C'）した後、未飽和になって地表まで戻ってきた（D'）様子を表しています。確かに点Dより点D'の方が気温が高くなっています。

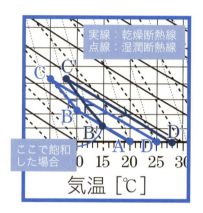

図3.25 もっと低い高度で飽和した場合

| まとめ | **エマグラムで空気塊の状態を判断できる** |

　大気の温度・水蒸気量の状態を知ったり、空気塊が上昇したときにどこで雲ができそうかを知るために、エマグラムという便利な図が使えます。

　飽和していない空気塊は、最初は乾燥断熱線に沿って上昇し、飽和してからは（＝雲ができはじめてからは）湿潤断熱線に沿って上昇します。どこで飽和するか…ということについては、「露点温度は等飽和混合比線に沿って変化する」という事実を用いると判断が可能です。

　空気塊が上昇し続けるかどうか（不安定かどうか）は、気温曲線と空気塊の温度を比較すれば分かります。空気塊の温度が気温曲線を上回り始める高度を「自由対流高度」といって、再び空気塊の温度が気温曲線を下回り始める高度を「平衡高度」と言います。この2つの高度の間で積乱雲が成長します。

　湿った空気が雨を降らせながら山を越えるとき、山の向こうには乾いた高温の風が吹き下ろすという「フェーン現象」についても、このエマグラムが理解の助けになります。

Column エマグラムと指数

　第3章で述べてきたエマグラムを使うと、持ち上げた空気塊が凝結する高度とその上昇が止まる高度が分かる、つまり雲ができ始める高さや雲のてっぺんの高さなどが分かります。これを使うことによって、特に積乱雲の発生しやすさや発達しやすさを予想することができます。自由対流高度が低ければ積乱雲ができやすいということですし、平衡高度が高ければ背の高い積乱雲ができやすいということです。

　これが予想できると、積乱雲が発達した時に起こる短時間強雨や雷を予想することができます。積乱雲一つひとつの水平スケールは、せいぜい10kmくらいしかありませんので、その一つひとつがどこに発生し移動するかまでは予想できませんが、ある程度の広い範囲における積乱雲の発生しやすさを予想することができるというわけです。

　図1と図2はどちらも竜巻が発生した日の最寄の高層気象観測所のエマグラムです。図1は茨城県つくば市などで竜巻が発生した日で、上空に寒気が入っていて、自由対流高度にまで持ち上げることができれば300hPa近くまで上昇することが分かります。これは9時のエマグラムですので、日中の気温が上がれば、もっと不安定になることが想像できます。一方図2は宮崎県延岡市で竜巻が発生した日で、下層が湿っていて、少し持ち上げればすぐに自由対流高度に達し、やはり300hPa近くまで上昇することが分かります。

　実際の予報作業ではエマグラムも使いますが、エマグラムを使って求めることのできるいくつかの指数も用いています。代表的なのはショワルターの安定指数（Showalter's Stability Index：SSI）です。これは、850hPaの高さの空気塊を断熱的に500hPaまで持ち上げた時の周り空気との温度差を求めるもので、その値がマイナス（周りの空気のほうが持ち上げた空気塊よりも温度が低い）であると、持ち上げた空気は上昇を続けるということになり、マイナスの値が大きいほど（温度差が大きいほど）、積乱雲が発達しやすいということになります。SSIの値がおよそ−3℃以下だと激しい雷雨のおそれがあるということが分かっています。

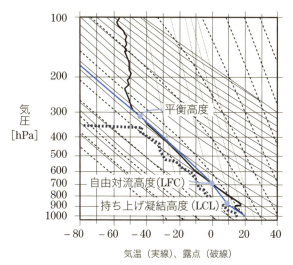

図1 竜巻発生時のエマグラム1

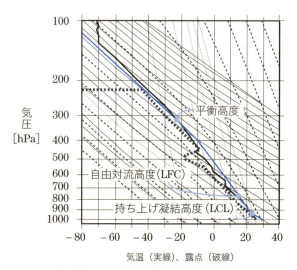

図2 竜巻発生時のエマグラム2

もっと物理的に正確な量としては対流有効位置エネルギー（Convective Available Potential Energy：CAPE）と対流抑制（Convective Inhibition：CIN）という量があります。これは模式的なエマグラム（図3）の色を塗った部分の面積を求めたものです。地上付近の空気塊を断熱的に持ち上げた時、CINは地上から自由対流高度まで持ち上げるために必要なエネルギー、CAPEは自由対流高度から平衡高度までの間に浮力が空気塊に与えるエネルギーになります。CINが大きいほど積乱雲はできにくい一方、CAPEが大きいほど積乱雲は急速に発達することになります。さらにCAPEの値と別に求めた大気の渦の強さを掛け合わせることで、発達した積乱雲によって発生する竜巻の予想も行っています。
　このような色々な指数を組み合わせて、雷雨や竜巻の発生しやすさを予想するのが、現在の予報技術となっています。

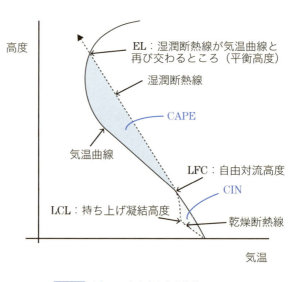

図3　大気の不安定度を表す指数

毎日の天気
日々の気象を「原理」で読み解く

　この章では、ここまで解説してきた知識を統合して、私たちがふだんよく見聞きする気象現象の理解を試みます。

4.1 気圧と気象の関係

❖身近な気象現象を理解しよう

　ここまでの章で、大気中で起こる様々な現象について、できるだけ「何が起こるのか」「なぜ起こるのか」ということを掘り下げて説明してきました。この章ではいよいよこれらの知識を統合して、私たちがよく見聞きする気象のトピック（周期的に変わる春や秋の天気、夏の台風の盛衰、梅雨前線、冬の西高東低）を取り上げ、理解を試みましょう。

　この章を読み進めていく過程で、次の2つのことを主に感じ取っていただけるのではないかと思います。

(1) 私たちに直接影響のある地上の天気が、実は上空の風の流れと密接に関わっていること。
(2) 日本付近の天気は、結局は地球全体の温度の分布や風の流れと密接に関わっていること。

❖低気圧と高気圧が順番にくるリクツ

　「天気は西から東へ変わる」ということをよく聞きますが、これはどうしてでしょうか。ここまで読み進めてこられた方ならば、もしかして…と思われるでしょう。そう、上空を常に西から吹いている風、**偏西風**のしわざです。

　といっても、天気が西から東に変わる理由は、単に「雲が偏西風に流されて西から東へ移動するから」ではありません。もっと複雑に、地表と上空の空気が関係し合って天気の変化を決めているのです。ここでは1つずつ解きほぐしていきます。

(1) 気圧の谷・気圧の尾根

まず、この先の天気図を見る際の予備知識として**気圧の谷、気圧の尾根**という概念に慣れておきましょう。等圧面が谷のように周囲よりくぼんでいるあたりを「気圧の谷（あるいは気圧のトラフ）」、逆に周囲より盛り上がっているあたりを「気圧の尾根（あるいは気圧のリッジ）」と呼びます。天気図上に気圧の谷、気圧の尾根がある場合には、それぞれを点線、実線で示すことが多いです。

図4.1を見てみると、雰囲気がよく伝わると思います。高層天気図において、等高度線が図のようにぐにゃりと曲がっている場合を想像しましょう。この等高度線を、地図における等高線に置き換えてイメージすると、図の点線上に立って周囲を見渡すと周囲の方が高くなっていて、点線上は谷になっている…ということが読み取れると思います。このような気圧の状況を気圧の谷と呼ぶわけです。

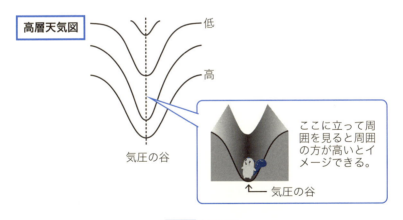

図4.1 気圧の谷

中緯度地方の上空では、だいたい高緯度側の方が低圧になっていますので[*1]、気圧の谷を高層天気図上で見ると南向きに突出した形になっていることが多いのではと思いますが（次ページ図4.2）、もちろんその日の状況によっては、北向きや東向きなどのこともあります。

---

*1　105ページ：地球規模の大気の流れ「循環」

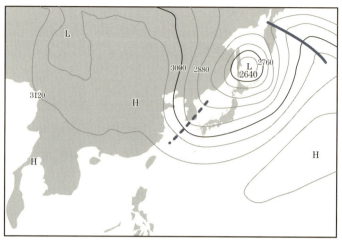

700hPa 高層天気図　2014/4/6 09:00

気圧の谷を点線 ‐‐‐ で、
気圧の尾根を実線 ━ で示しています。
谷が南西向きに突出していることが分かりますね

図4.2　気圧の谷と気圧の尾根

　今度は、気圧の谷・尾根を、気圧ではなくて風向きに注目してとらえ直してみましょう。すると次のように考えることができます。
　上空に図4.3 **(a)**のような気圧の谷・尾根があると、風は高圧側を右手に見ながら進むという原則[*2]により、図中に矢印で示したように南北に蛇行した風が吹くことが分かります。
　気圧の谷は「偏西風と低気圧性循環（反時計回りの風）を合成したもの」、気圧の尾根は「偏西風と高気圧性循環（時計回りの風）を合成したもの」というふうにイメージすることもできます。図4.3 **(b)**を見てください。この図は、一様に吹く偏西風の上に低気圧性循環と高気圧性循環を重ねて描いたものです。低気圧中心の北側では偏西風と低気圧性循環の風向きが逆なので弱い風となり、南側では2つの風向きが同じなので強い風となります。高気圧中心の周囲ではこの逆のことが起こります。そのため、図4.3 **(a)**に示したような蛇行した風が生まれます。

＊2　81ページ：様々な風1―地衡風

ちなみに、図4.3 **(b)** を見て考えてみると、低気圧中心の北から南にかけて風速が大きくなっていくことも分かりますよね。風速が大きいところでは気圧傾度力が大きい*3 ことを思い出すと、これはすなわち「気圧の谷の南側ほど気圧傾度力が大きくなる（等高度線の間隔が狭くなる）」ことを表しています。気圧の尾根の場合はその逆です。図4.3 **(a)** の等高度線はそのこともイメージして描きました。

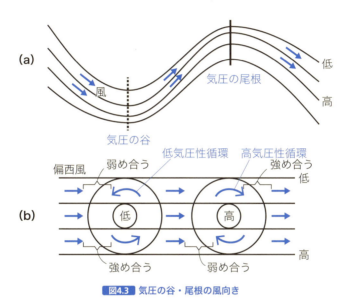

図4.3 気圧の谷・尾根の風向き

特に上空の偏西風に気圧の谷・尾根が連なって生じている様子を、**偏西風波動**と呼びます。偏西風が南北に蛇行する形が波のように伝わっていくためです。

(2) 偏西風波動の起こるわけ（傾圧不安定波）

この偏西風波動は、「傾圧性の大きい大気」に起こったちょっとした風向の乱れが拡大して起こります。ちょっとした乱れが拡大する性質を「不安定」と呼びますので*4 このしくみを**傾圧不安定波**と呼びます。1つずつ理解を試みましょう。

＊3　81ページ：様々な風1—地衡風
＊4　138ページ：安定な大気、不安定な大気

まず大気の傾圧性について説明します。これは大気中に描かれる等圧面と等温線が平行でなく、交わっている状態のことです。図4.4の**(a)**を見てください。北半球の場合、普通は南方で気温が高く、北方で気温が低くなっていますので、気柱の膨張・収縮のイメージを利用すると[*5]、等圧面の高さは北に行くほど低くなっていると分かります。**(a)**では話を簡単にするために、地表の気圧はどこも1000hPaだとしています。

気温は同じ高度で比べれば「南で高く、北で低い」状態になっていますが、一方で同じ緯度で比べれば「地表で高く、上空で低い」状態になっています。つまり、気温は南の地表で高く、北の上空に行くほど低いわけですね。この状態を等温面で表したのが**(b)**です。

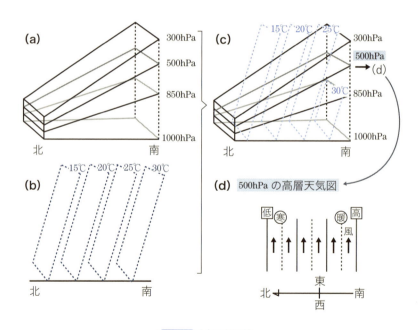

図4.4 大気の傾圧性

これらの等圧面・等温面を一緒に図に表したのが**(c)**です。このように等圧面と等温面が交わっている大気を**傾圧性のある大気**と称し、短く**傾圧**

[*5] 74ページ：気圧変化はどうして起こる？

大気とも呼びます。例えばこの場合、500hPaの等圧面（高層天気図）を取り出してみますと、**(d)**のように等高度線（実線）と等温線（点線）が平行に並んでいます。等温線の本数が多いほど等圧面と等温面がたくさん交わっていることを意味しますが、そのような状況のことを**大気の傾圧性が大きい**と表現します。

さて、上空の風は等圧面に平行に吹きますので、**(d)**のような傾圧大気においては等高度線や等温線の形が変わることはなく、傾圧性がそのまま保たれます。しかし傾圧性が大きくなるとこの状態は長続きしなくなり、ちょっとしたきっかけで寒気が南方へ、暖気が北方へ流入してしまいます。

これは図4.5のように、水槽を仕切って冷水と温水を入れ、そろそろと仕切りを取るとどうなるか…と想像してみた場合と似ています。冷水の方が密度が高いですから、仕切りを取った直後に温水は上へ、冷水は下へと移動するはずです。このようなことが傾圧大気でも起こるわけです（大気と照合すると、冷水側が北ということになります）。

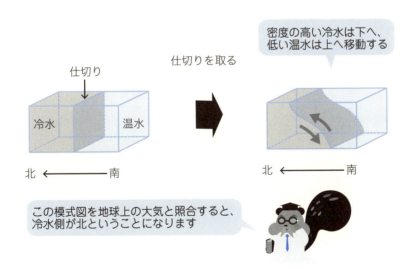

図4.5 傾圧性の大きい大気を「水槽の冷水と温水」に喩えると…

大気の場合は水槽と違い、上空に定常的に西から東へ向かう風（偏西風）が吹いていますので、単純に「寒気が南下・下降し、暖気が北上・上昇する」というわけではありません。寒気は下降しながら南下するとともに西風に押されるので、結局は南東に向かって流れながら下降します。同様に考えると、暖気は上昇しながら北上するとともに西風に押されるので、北東に向かって流れながら上昇します。図4.6を見てください。図4.5の冷水を寒気、温水を暖気に置き換え、そこに西風の矢印を加えています。

　こういった効果により、結果的に気圧の谷の西で寒気が南へ向かい、気圧の谷の東で暖気が北へ向かうという流れ（風）が生み出されます。寒気が南へ移動することを**寒気移流**、暖気が北へ移動することを**暖気移流**と呼びます。

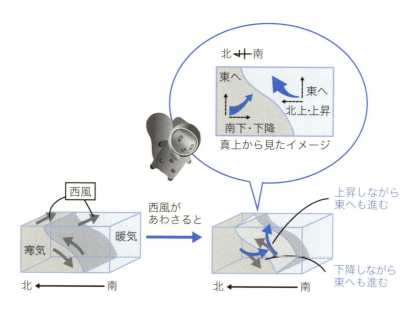

図4.6　実際の大気の流れ

　このことを等圧面上に表現したものが図4.7です。図4.4の**(d)**を時計周りに90度回転させたところからスタートしていますので、注意してく

ださい。いきなり結論を示しているので少し驚かれるかもしれませんが、等高度線（実線）と等温線（点線）の交わり方をよく見てください。

　例えば寒気移流の矢印を示したあたりを見てみると、等高度線に平行に吹く風（傾度風*6）が、低温部から高温部に向けて等温線を横切っていることが分かります。つまり、この風（寒気移流）によってどんどん北から寒気が流れ込んでくるわけです。寒気が流れ込んできた位置は「冷たい気柱」と同じことになりますので、いま考えているような上空（500hPa等圧面など）の気圧は下がります*7。寒気が流れ込んでくると気圧が下がる、つまり気圧の谷が深まっていく（成長する）わけですね。暖気移流の矢印のあたりではその逆のことが起こります。

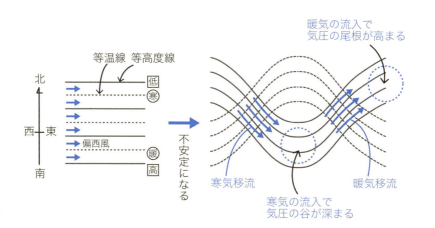

図4.7 等圧面上での寒気移流と暖気移流

(3) 地球規模で見た偏西風波動

　地球規模の視点で見てみると、このように蛇行した偏西風がぐるりと地球を1周していて、気圧の谷・尾根がそれぞれ数個ずつできていることが多いです。例えば次ページの図4.8には気圧の谷が6個ほど現れています。こういった気圧の谷は、少しずつ形を変えながら西から東へ動いていきます。

＊6　83ページ：様々な風2─傾度風・旋衡風
＊7　74ページ：気圧変化はどうして起こる？

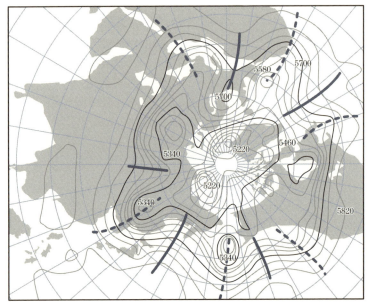

500hPa 高層天気図　2013/10/2　21:00

気圧の谷を点線 ----- で、
気圧の尾根を実線 ―― で示しています

図4.8 偏西風波動

　この図に見られるように、地球上で実際に見られる偏西風波動は、山脈や海などの地形の影響もあってなかなか複雑な形をしています。これを単純なモデルに直したものとして**ディッシュパン実験**が有名です（図4.9）。
　回転するテーブル上に円筒状の水槽を二重に設置します。中央の水槽1には氷水を、一番外側の水槽3にはお湯を入れ、真ん中の水槽2には水を入れます。こうすると、水槽2の水には「中央付近ほど冷たく、外側ほど温かい」というように徐々に温度が変化していく状況が生まれます。すなわち水槽2の中心方向が極、外側方向が赤道を表します。回転テーブルを反時計回りに一定の速さで回すと、北半球を北極から見下ろしたのと似た

状況がここに再現されます。水槽2における水の流れが、地球上の風の流れを表すわけです。実際に行う際には、水の流れが見やすくなるようにアルミニウムの粉を水槽2に入れます。

　実験をしてみると、テーブルの回転速度に応じて様々な形の流れが生じます。基本的には次の3つの特徴があります。

Ⓐ　テーブルの回転よりも速いスピードで、反時計回りに水の流れが生じる。
Ⓑ　Ⓐの流れは同心円状ではなく、蛇行する。
Ⓒ　Ⓑの蛇行した形状は、テーブルの回転よりは速く、Ⓐの流れよりは遅いスピードで、反時計回りに回転する。

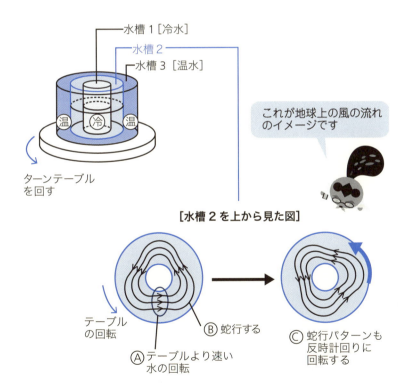

図4.9　ディッシュパン実験

この実験で示される水流の蛇行が、地球上の偏西風の蛇行に相当します。また、水流の蛇行パターンが少しずつ反時計回りに回転することが、気圧の谷・尾根が西から東へゆっくり進むことに相当します。

少々話が広がってしまいましたが、偏西風波動については次のようなイメージでとらえていただくとよろしいと思います。

大気に生じている南北の温度差が大きくなると…
- → 不安定な状態になり、南北の大気が混ざろうとする
- → 偏西風が南北に蛇行する（気圧の谷・尾根が生じる）
- → 寒気移流・暖気移流が生じ、南北の温度差を解消しようとする
- → 偏西風の蛇行で生じた気圧の谷・尾根は、ゆっくりと西から東へ進んでいく（偏西風波動）

❖温帯低気圧の構造を詳しく見てみよう

ではいよいよ、偏西風波動によって作られる温帯低気圧の発達について見ていきましょう。上空の偏西風波動が西から東に進むのに伴って、ある条件が満たされれば、地上の低気圧が発達しながらやはり西から東へと進むのです。ちなみに、同時に低気圧の西側には高気圧が発達して、低気圧と一緒に東へ進んでいきます。この高気圧を移動性高気圧と呼びます。以下では主に低気圧に注目して話を進めますが、高気圧についても同様に理解することができます。

ここであらかじめ1つ注意をしておきましょう。「気圧の谷は偏西風に埋め込まれた低気圧」と見なすこともできるわけですが[*8]、上空の気圧の谷の真下に地上の低気圧ができるわけではない…ということをまず覚えておいてください。この節で述べるように、発達する地上の低気圧は必ず上空の気圧の谷の東側にずれています。ずれていなければ地上の低気圧は発達できないのです。

そもそも地上の低気圧が「発達する」とはどういうことかというと、地上に生じた低気圧中心の気圧がどんどん下がっていくことを意味します。ところが、よく思い出してみると、地表付近では風は低気圧に吹き込みま

[*8] 162ページ：低気圧と高気圧が順番にくるリクツ

すよね[*9]。吹き込んだ（収束した）風は行き場がないので上空へと上昇していきますが、そのまま上昇を続けるだけでは、その場の気柱の重みが増えるばかりですから、地上の気圧はどんどん高くなり、すぐに地上の低気圧はなくなってしまいます（図4.10）。ですから、地上に生じた低気圧をより発達させるためには、上昇していった空気を上空でうまく逃がす（発散させる）しくみが必須であることが分かります。

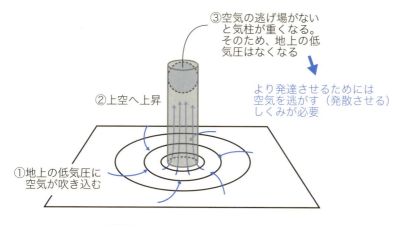

図4.10 地上の低気圧に流入した空気の行き先

ここで登場するのが**上空の気圧の谷**です。ただし気圧の谷そのものは、これまでにも述べたように偏西風の中の低気圧性循環ですから、地表から上がってきた空気を発散させる働きはありません。

実は気圧の谷の西側では収束、東側では発散が起こっているのです。次ページ図4.11のように地上の低気圧・高気圧と上空の発散・収束がかみ合っていると、地上の低気圧はどんどん発達していきます。このすぐ後のコラム「気圧の谷の東西に収束・発散が起こる理由」をご参照ください。

[*9] 90ページ：摩擦力の影響—等圧線を横切る風、104ページ：風の収束・発散

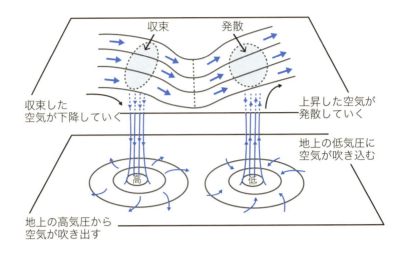

図4.11 上空の気圧の谷と収束・発散

気圧の谷の東西に収束・発散が起こる理由

　先ほど、「気圧の谷の西側では収束、東側では発散が起こっている」と解説しましたが、このような現象はなぜ起こるのでしょうか。

　偏西風波動に伴って、図4.12のように気圧の谷・尾根が連なっている状況を考えます。状況を単純化するために、等高度線の間隔がどこでも同じ（つまり気圧傾度力はどこでも同じ）とし、気圧の谷と尾根の曲がり方も同じようになっているとします。

　このような場合、風速は気圧の尾根の部分で大きく、気圧の谷の部分では小さくなっています。なぜなら、風の空気塊に着目すると次の関係式が成り立つためです（図中の矢印も一緒にご参照ください）。

- 尾根：空気塊を曲げる力(A) ＝ コリオリ力(C_2) ― 気圧傾度力(B)
- 谷　：空気塊を曲げる力(A') ＝ 気圧傾度力(B) ― コリオリ力(C_1)

　図中のコリオリ力の矢印を見ると明らかにC_2の方がC_1より大きく

なっています。コリオリ力は空気塊の速さに比例しますから、これはすなわち空気塊は、気圧の尾根の部分では速く、気圧の谷の部分では遅く移動するということを表します。

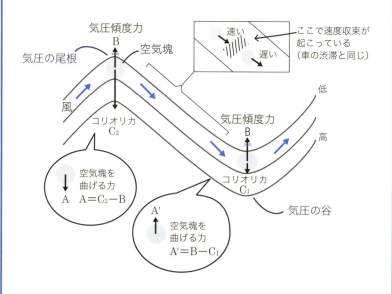

図4.12 気圧の谷と尾根におけるコリオリ力

したがって、気圧の尾根から谷へ向かう途中では後方からたくさんの風が吹き込んでくるが、前方にはなかなか進めない状況になっていますので、収束が起きていると言えます（速度収束[*10]）。高速道路の料金所付近で、前方が詰まって渋滞が起こるのと同じです。逆に、気圧の谷から尾根へ向かう途中では速度発散が起きていると言えます。

ここまで述べた単純な図式に加え、実際に生じる気圧の谷では、谷の近辺で等高度線の間隔が狭くなっていることがあります。この場合は、尾根から谷へ向かう部分では広い範囲から狭い範囲へ空気が流れ込むような状況になるため、やはり収束が起こります（図4.13、方

[*10] 104ページ：風の収束・発散

向収束*11)。谷から尾根へ向かう部分ではその逆です。いずれにせよ、気圧の谷の西側では収束、東側では発散が起こるわけです。

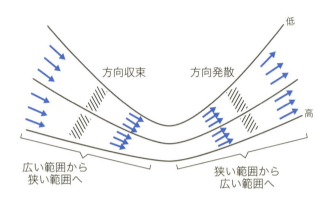

図4.13 気圧の谷で発生している方向収束と方向発散

　ここまでで準備が整いました。では温帯低気圧の発達（およびこれに付随した移動性高気圧の発達）のしくみについて見ていきましょう。
　ここまでに述べてきたことを一度まとめます。大気に生じた南北の温度差が大きくなると（傾圧性が大きくなると）、その状態は不安定となり、寒気と暖気が混ざろうとします。このため生じるのが上空の偏西風波動で、この波動に伴って生じる気圧の谷と尾根はゆっくりと東へ進む性質があります。気圧の谷の西側では風の収束、東側では風の発散が起こります。では続きを見ていきましょう。
　ここでもし、上空の気圧の谷の東側に地上の暖気があり、上空の気圧の谷の西側に地上の寒気があるとどうでしょう。74ページで述べた気柱のイメージを用いると、暖気のあたりは地上の低気圧、寒気のあたりは地上の高気圧になります。すると、地上の低気圧で生じた上昇気流によって持ち上げられた空気は、上空の発散域で東へと逃がされていきます。一方、地

---

*11　104ページ：風の収束・発散

上の高気圧では空気が吹き出しますが、ここには上空の収束域からの下降気流によって空気が補われます。

このように、地上における収束・発散と、上空における発散・収束がうまくかみ合ったとき、地上の低気圧・高気圧はともに発達できるのです。このようにして生じる低気圧・高気圧が、**温帯低気圧・移動性高気圧**です（セットで生じるのに呼び方が少し違うのはなんだか妙ですね）。

ちなみに、上空の気圧の谷の東側に地上の寒気があったりすると、ここで述べたような「かみ合った状況」が成り立たなくなるので、低気圧・高気圧は発達できません。

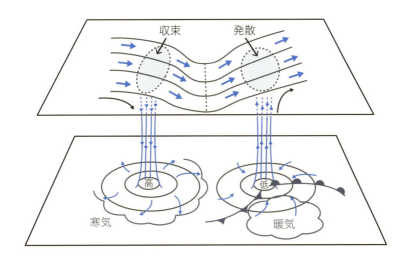

図4.14 温帯低気圧と移動性高気圧

図4.14の中には、地上天気図でおなじみの温暖前線と寒冷前線も示してあります[*12]。大まかには北側に寒気、南側に暖気があり、それが矢印で示したような風によって移動していくため、低気圧の東西に図のように前線が生じます。

前線のあるあたりでは暖気が寒気の上に乗り上げていくため雲ができやすい[*13]、つまり、天気が悪くなることが多いです。一方、高気圧のあた

[*12] 96ページ：天気図を見る準備—前線記号と矢羽根
[*13] 131ページ：温度が下がり湿度が上がって雲ができる

りでは、下降気流に伴って空気が断熱的に圧縮され、温度が上がりますので、雲はあまりできません[*14]。

このような低気圧と高気圧のセットが、偏西風波動とともに少しずつ西から東へ移動するため、「天気は西から変わる」とよく言われるわけです。

温帯低気圧はいずれは衰退していきます。その際は、地上の低気圧より西側にあった上空の気圧の谷が徐々に地上の低気圧に追いついてきて、176ページで述べた「地上で収束・上空で発散」のしくみが維持できなくなります。また地上天気図においては寒冷前線が温帯前線に追いついてきて、閉塞前線という記号で描かれるようになってきます（図4.15）[*15]。

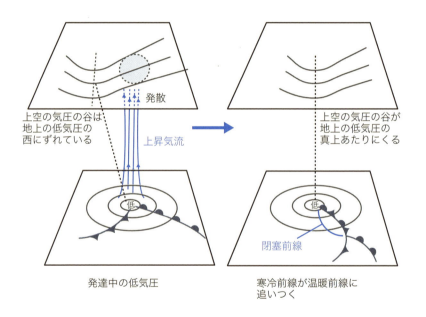

図4.15 閉塞前線の発生

[*14] 132ページ
[*15] 96ページ：天気図を見る準備—前線記号と矢羽根

温帯低気圧のエネルギー源

　ちょっと視点を変えて、温帯低気圧のエネルギー源について考えてみましょう。まず準備として、**位置エネルギー**という用語を紹介します。位置エネルギーは、運動エネルギー[*16]と同様に本来は数字できちんと表されるものですが、ここではイメージだけにしましょう。

　位置エネルギーとは、重い物体が高いところにあるほどエネルギーを多くもつというイメージを数値で表したもので、位置エネルギーが減れば運動エネルギーが増え、位置エネルギーが増えれば運動エネルギーが減るという関係になっています（図4.16）。

図4.16　ボールを落とす例で考えてみると…

　さて、温帯低気圧においては寒気が下降し、暖気が上昇するという流れがあります。寒気の方が密度が高いので[*17]、この流れは重いものが下に落ちて、軽いものが上に上がるということを意味します。すると空気全体としては、少し位置エネルギーが低くなったことになります。そのぶん運動エネルギーが増えるはずですから、これが風（空気の動き）の運動エネルギーに変わっているというわけです。

　ですから温帯低気圧においては、一般に寒気と暖気の温度差が大きければ大きいほど、多くの位置エネルギーが運動エネルギーに変わるため、強い風が吹きます。

[*16]　13ページ：気温とは、空気の分子の運動の激しさ
[*17]　61ページ「気圧は自由に決まらない―状態方程式」で、p を一定として T を下げると ρ が上がることから分かります

> **まとめ** **低気圧の発達と衰退**
>
> 　低気圧が発達・衰退するしくみをまとめました。
> 　まず大気の傾圧性が大きくなると、その状態は不安定となり、南の暖気と北の寒気が混ざろうとします。その際、寒気は南下しながら沈み込み、暖気は北上しながら上昇します。この過程で上空の気圧の谷が成長します。これは地球規模で起こり、偏西風の蛇行として観察されます。
> 　この気圧の谷の東側に地上の低気圧が発生すると、地上の低気圧で収束して上昇してきた空気が気圧の谷の東側で発散するので、地上の低気圧がどんどん成長することができます。
> 　この状態は永続するわけではなく、いずれは上空の気圧の谷が地上の低気圧の真上に移動してきて、「地上で収束→上空で発散」のシステムがなくなってしまいます。こうなると地上の低気圧は衰退していきます。

4.2 典型的な天気図ができるワケ

❖ 海上で発達する台風のしくみ

　台風が日本に近づいてくると、風や雨の情報とともに「中心気圧は980hPaで…」などと気圧の低さについても毎日報道されますよね。台風は、気圧が低いという点では温帯低気圧と同じなのですが、その発生・成長のしくみは大きく異なります。

(1) 発生場所

　まず発生場所を見てみましょう。図4.17は台風のもととなる**熱帯低気圧**が多く発生する地域、図4.18は北半球の夏である8月・南半球の夏である2月の海面水温の分布を表しています。明らかに、熱帯低気圧は海面水温がおよそ27℃以上ある地域だけで発生していることが読み取れます。

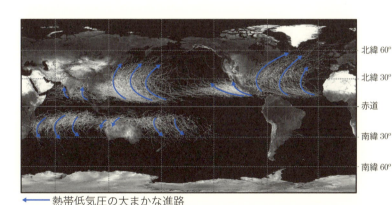

←── 熱帯低気圧の大まかな進路

「1985年から2005年までの全ての熱帯低気圧の経路」
http://ja.wikipedia.org/wiki/熱帯低気圧#mediaviewer/
File:Global_tropical_cyclone_tracks-edit2.jpgに筆者進路加筆

図4.17 熱帯低気圧が多く発生する地域

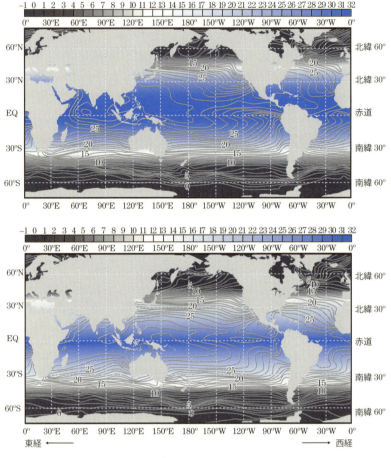

8月（上）と2月（下）の海面水温の分布
気象庁ホームページ「全球月平均海面水温平年値」より作成
http://www.data.jma.go.jp/kaiyou/data/db/kaikyo/ocean/clim/glbsst_mon.html

図4.18 海面水温の分布

　これは寒気と暖気の境目（南北の温度差が大きい地域）で発生する温帯低気圧との大きな違いです。また、赤道直下（大まかには緯度が5度以下の地域）では、海面水温が高くても熱帯低気圧は発生していません。熱帯低気圧が発達するためにはコリオリ力が必要だからです[18]。

---

[18] 79ページで述べた通り、コリオリ力は高緯度ほど強くなり、赤道ではゼロになります

水温が高いところでは水が蒸発しやすいので[*19]、空気に多くの水蒸気が含まれています。さらにこのあたりの緯度には、北半球と南半球の貿易風が収束する熱帯収束帯[*20]が存在しますので、空気が強制的に上昇しやすい環境にあると言えます。これらの要因によって、熱帯収束帯では湿った空気が上昇し、凝結し、積乱雲が次々に発生しています（このような積乱雲の集団を**積乱雲群**と呼びます）。

上昇した空気が上空でたまらずにうまく発散していくと、海上での収束、上昇、上空での発散という一連のプロセスが続きます。空気が上昇する過程で放出される潜熱のため、積乱雲群の中での上昇気流はいっそう増大し（海上の低気圧も強化され）、ますます多くの空気が海上から吸い込まれてくることになります（図4.19）[*21]。

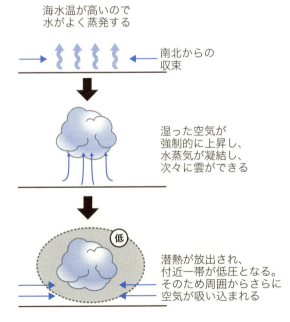

図4.19 熱帯低気圧の生じるプロセス

[*19] 120ページ：空気に混じる「目に見えない水」—水蒸気
[*20] 105ページ：地球規模の大気の流れ「循環」
[*21] もっとも、雲がたくさんできれば必ず熱帯低気圧ができるというわけでもなく、熱帯低気圧の発生については少しまだよく分からない点もあるようです

このようなプロセスを経て、海上に低気圧中心が発生し、そこに向かって空気が回転しながら吸い込まれていく（摩擦のある傾度風[*22]）ようになると、熱帯低気圧と分類されるようになります。

その後もさらに低気圧が周囲から水蒸気を含む空気を吸い上げ、上空で水蒸気が凝結し、そこで発生した潜熱によってさらに地上（海上）の気圧が下がり…ということを繰り返し、ますます熱帯低気圧は発達します。こうして発達した熱帯低気圧のうち、<u>最大風速が約17［m/s］（34ノット）を超えたものを台風</u>と呼びます。台風になった後、風速が落ちてきて17［m/秒］を下回った場合は、再び熱帯低気圧と呼び直します。

(2) 台風の構造

ここで、最盛期の台風の構造を見てみます。気圧、気温、雲、風といった様々な要素が互いに関係し合っていますので、図を行き来しながら少しずつ理解してみましょう。

台風を地上天気図で見ると、ほぼ同心円状の等圧線が並んでいて、特に中心付近では等圧線の間隔が狭くなっています（図4.20）。

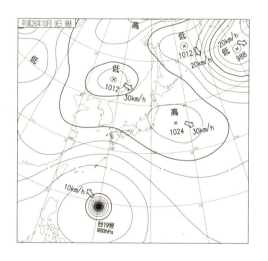

図4.20 台風の地上天気図

[*22] 83ページ：様々な風2—傾度風・旋衡風

4.2 典型的な天気図ができるワケ / 185

　中心には円筒状に雲のない領域があり、これを**目**と呼びます。目の周囲には煙突のように高さ10km余りの**目の壁雲**があります（図4.21）。

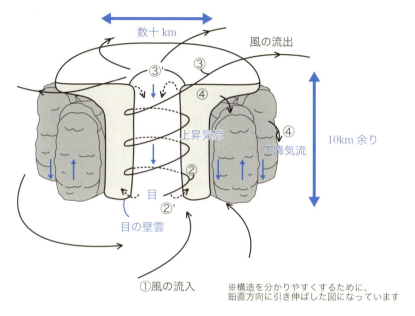

図4.21 台風の構造

　さらにその周囲にはらせん状に多数の積乱雲が並んでいます（**スパイラルバンド**と呼ばれます）。目の壁雲から目の中にかけての気温は周囲よりもずっと高く、この領域の空気を**ウォームコア**（暖気核）と呼びます（次ページ図4.22）。

　空気の流れは、大まかには地表（海上）で反時計回りに中心向きに吸い込まれ、目の壁雲の中をらせん状に上昇し、最上部では時計回りに吹き出しています。また、目の壁雲の内外には下降気流が存在しています。

　次に、台風の中では何が起こっているのか、図4.21に示した番号と照らし合わせながら1つずつ理解していきましょう。

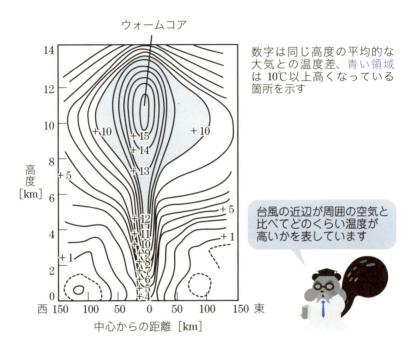

図4.22 台風の一例、ハリケーン「ヒルダ」の気温偏差の断面図

①中心に空気が向かう

　中心部の低気圧の周りには低気圧性の（反時計回りの）回転が生じますが、地表（海面）から約1kmの高さまでは摩擦力の影響があるため、等圧線を横切って空気が流入していきます。気圧傾度力のため、空気は中心に近づくにつれて速くなっていきますが、あまり速くなるとそれ以上に回転半径を狭められなくなります（自動車を運転しているとき、高速で急なカーブを曲がるのが難しいのと同じ原理です）。この半径まで吸い込まれてきた空気は、行き場がなくなるので上昇を始めます。

②上昇気流が目の壁雲を作る

　空気は上昇しながらも、中心にある低気圧の周りを反時計回りに回転するので、図4.21に示したようにらせん状に上昇していきます。このとき水蒸気が凝結し、雲を作ります（これが目の壁雲です）。このとき放出される潜熱のため、目の壁雲の中は周囲の空気よりも高温となります（湿潤断熱減率の話[*23]を思い出しましょう）。また、潜熱によって温度が上がった空気は、浮力を受けてますます上昇しやすくなり、対流圏上部まで止まることなく上昇を続けます（熱帯の海上の空気は湿っているので、基本的には条件付き不安定が成り立っています[*24]）。

　ちなみに図4.22をよく見ると、高度10kmあたりでウォームコアの温度偏差は「＋15℃」となっていますね。対流圏における平均的な温度減率が「1kmあたり6.5℃」であるのに対し、湿潤断熱減率はおよそ「1kmあたり5℃」ですから、その差の「1kmあたり1.5℃」が10kmぶん蓄積されて＋15℃になっている…とイメージするとよいと思います。

③対流圏上部で空気が発散する

　らせん運動をしながら上昇した空気は、対流圏上部で上昇できなくなります。「温かい気柱の上部は高気圧」という原則[*25]によって、目の上部はやや高気圧になっていますので、上昇してきた空気は外向きに発散します。このとき受けるコリオリ力（進行方向に向かって右向き）のため、風は時計回りに回転しながら吹き出します。ちなみに目の中からも多少目の壁雲の中に空気が吸い込まれていきますので（図4.21の②'）、これを補うために弱い下降気流が起こっています（図4.21の③'）。この下降気流によって断熱圧縮が起こるため、目の中の気温は高まり、雲はできません。この断熱圧縮と②の効果が合わさってウォームコアが形成されます。

④目の壁雲の外で下降気流が起こる

　ここまでに述べたように、空気の大きな流れは、目の壁雲に向かって地上（海上）の空気が反時計回りに回転しながら吸い込まれ、目の壁雲の中をらせん状に回転しながら上昇し、最上部で時計回りに回転しながら吹き

[*23]　131ページ：温度が下がり湿度が上がって雲ができる
[*24]　138ページ：安定な大気、不安定な大気
[*25]　74ページ：気圧変化はどうして起こる？

出す…となっています。この吹き出した空気は、目の壁雲の外で下降気流となり、再び下層で台風に吸い込まれる流れに合流します。

(3) 台風の成長・衰退

　ここまで見てきたことを一度まとめてみます。台風は根本的には、温められた海面から伝わってくる熱エネルギーのおかげで成長していきます。湿った空気が温められて上昇する際に放出される潜熱[*26]のためにウォームコアが形成され、地上（海上）に低圧部、上空に高圧部が生じます。地上（海上）の低圧部に向かって風が吹き込み、上昇することにより目の壁雲が作られます。この過程でさらに潜熱が放出されるため、ウォームコアはますます熱エネルギーを蓄え、地上（海上）の低気圧はますます低圧になります。そうすると、ますます中心向きに吹き込む風は強くなっていき…このようにして、<u>湿った温かい空気が供給される限り、台風はますます強くなっていくしくみを備えている</u>わけです。

　ですから逆に、海水温の低い領域まで進んできたり陸地に上がることによって、湿った温かい空気が供給されなくなると、ウォームコアは熱エネルギーを失っていき、中心気圧も上がっていきます。すると吹き込む風も弱くなります。このようにして台風は勢力を失っていきます。

　先に述べたように、台風が勢力を失って風速が17［m/s］を下回った場合は、再び熱帯低気圧と呼び直します。天気予報などでも時々「台風○号が熱帯低気圧に変わりました」などと報道されていますね。

(4) 温帯低気圧との対比ポイント

　最初に述べたように、温帯低気圧と台風はどちらも「地上（海上）の低気圧」という点は同じなのですが、その他の構造が根本的に異なります。

- 温帯低気圧は寒気と暖気が混じろうとして生じるため、中心部まで寒気と暖気が入り込んでいる（だから普通は寒冷前線と温暖前線がある）。これに対し、熱帯低気圧の中心には暖気のみが存在している（だから普通は前線がない）。

[*26] 28ページ：潜熱

・温帯低気圧では、地上の低気圧と上空で蛇行する偏西風の位置関係がうまくかみ合うことによって「地上の収束・上空の発散」が成り立っているが、台風では基本的にウォームコアの存在だけで成り立っている。
・温帯低気圧は寒気と暖気の位置エネルギーが減少することによって運動エネルギーを生み出しているが、台風は水蒸気が凝結する際の潜熱を熱エネルギーとして蓄えている。

　このように台風（あるいは熱帯低気圧）と温帯低気圧は構造が違うので、「台風が弱くなったら温帯低気圧になる」わけではありません。天気予報などで「台風○○号が温帯低気圧に変わりました」と報道されているのは、強弱の問題ではなく「台風の中心にまで寒気が入り込み、上空の偏西風とうまくかみ合った位置関係になった」という構造の変化を表しています。ですから、台風が温帯低気圧になってからさらに（温帯低気圧として）成長するということも起こります。

❖梅雨前線ができる理由は？

　春から夏に季節が移っていく際に梅雨の季節がやってきますね。5月下旬あたりに長雨を降らせる梅雨前線が沖縄の方に現れ、徐々に北上していくことにより、南の地方から順に梅雨明けになる…というイメージをもたれている方が多いのではと思います。

　梅雨前線は停滞前線*27の記号で示されているためか、何となく「日本の南北から2つの空気のかたまり（気団）が押し合っている境目に梅雨前線ができ、夏になると南の気団が強くなるので梅雨前線が北上していく」と考えやすいと思います。確かにそういう側面もありますが、実際はもっと地球規模の色々な要因が絡んでいます。なかなか複雑ですが、まず必要な予備知識を**(1)〜(3)**でまとめ、その後これらを統合して梅雨のメカニズムを解きほぐしてみたいと思います。

(1)　まずは、地上気圧の分布は季節によって大きく変動することを理解しましょう。地上気圧の大まかな分布は、図2.43*28に示したように「赤道付近と緯度60°あたりの低圧帯」「緯度30°あたりと極地域の高圧帯」で特

＊27　96ページ：天気図を見る準備—前線記号と矢羽根
＊28　107ページ

徴付けられます。しかし実際には季節によって太陽の南中高度が変わるため、北半球と南半球に入射する太陽放射のエネルギーが変化します。

　海に比べて陸地は温まりやすく冷めやすいため、北半球の陸上の空気は夏季（7月頃）は海上の空気より温かく、冬季（1月頃）には海上の空気より冷たい傾向になります。温かい気柱の下は低気圧、冷たい気柱の下は高気圧になりますから[*29]、次のような図式が成り立つと思われます。

- **夏：太陽からの放射エネルギーが大**
　→　陸地が温まりやすい　→　陸上が低気圧で海上が高気圧
- **冬：太陽からの放射エネルギーが小**
　→　陸地が冷えやすい　→　陸上が高気圧で海上が低気圧

　実際には、「温帯低気圧の構造を詳しく見てみよう」（172ページ）でも述べたように、上空の風との位置関係によって地上の低気圧・高気圧が変化するので、ここに述べたような入射エネルギーだけで地上気圧が決まるわけではありません。どちらかというと実際の観測結果を見て雰囲気をつかむ方がよいでしょう（図4.23）。特にユーラシア大陸において、冬に高気圧、夏に低気圧になる傾向が顕著ですが、これは上で述べた入射エネルギーの変動を強く反映していると思われます。

　図4.23には地上の風の向きも記入されています。地上気圧の分布の変化に伴って、風向きも夏と冬で大きく違っていることが分かります。このように季節によって大きく変動する風のことを**季節風**または**モンスーン**と呼びます。後から出てきますが、特に梅雨と関係が深いのは、夏にユーラシア大陸に向けて南西から吹いてくるモンスーンです。

[*29]　74ページ：気圧変化はどうして起きる？

4.2 典型的な天気図ができるワケ / 191

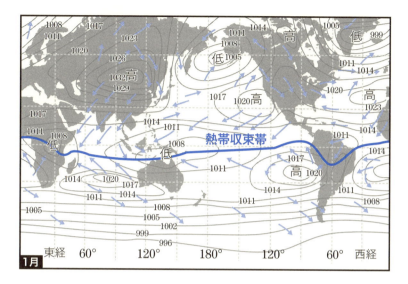

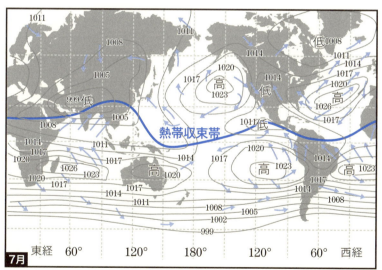

『The Atmosphere』(Lutgens and Tarbuck, Prentice Hall)
を元に180度経線が図の中心になるように作成

図4.23 冬（1月）と夏（7月）の熱帯収束帯の位置

(2) 地球上の大まかな大気循環も季節によって変動します。夏が近づいてくると熱帯収束帯が北に移動します*30。合わせて亜熱帯高圧帯も北上し、その上空を流れる亜熱帯ジェット気流も北に移動しますが、夏にチベット高原上空に発達している**チベット高気圧**の影響で、亜熱帯ジェット気流の一部はチベット高原を北側から迂回して流れるようになります。

　強制的に曲げられた亜熱帯ジェット気流は、もとのルートに戻ろうとして蛇行します。その結果として、ユーラシア大陸の東のあたりが気圧の谷、オホーツク海のあたりが気圧の尾根になることが多くなります。温帯低気圧の節で述べたように、気圧の谷の西側には下降気流が発達しますが、これが梅雨前線の形成に大きな役割を果たしています（図4.24）。

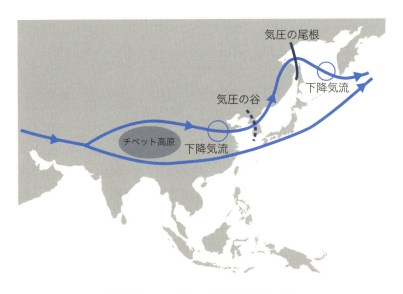

図4.24 ジェット気流の蛇行と下降気流の発生

(3) 日本の周辺を、便宜上4つの気団に分けて考えることが多いので、そのイメージをつかんでおきましょう（図4.25）。**気団**とは、温度や湿度がだいたい同じであるような広範囲の空気のかたまりです。大陸側の気団は乾いていて、太平洋側の気団は湿っています。また、北側の気団は低温で、南側の気団は高温です…このようにとらえると覚えやすいと思いま

＊30　105ページ：地球規模の大気の流れ「循環」

す。この4つの気団が季節ごとに範囲を広げたり狭めたりすることによって、日本付近の気象状況に影響を与えます。

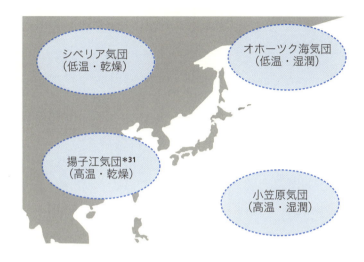

図4.25 日本周辺の4つの気団

以上を頭に入れた上で、梅雨前線を西から東へと順に見ていきます。

夏が近づいてくると、**(1)**で述べたようにユーラシア大陸に南西からモンスーンが吹いてきます。一方、ユーラシア大陸の東のあたりでは、太陽からの入射エネルギーが増え、かつ**(2)**の下降気流で継続的に高温の空気が供給されるため、空気が温暖で乾燥した状態になります。この空気にモンスーンがぶつかることにより生じる前線が、梅雨前線の西の端あたりを形成します。

ここより少し東（西日本あたり）では、太平洋高気圧（小笠原気団）の縁を回ってくる風（<u>縁辺流</u>と言います）が吹いていて、やはりこれが前述のユーラシア大陸上の温暖で乾燥した空気とぶつかることにより、西日本における梅雨前線を形成しています（次ページ図4.26）。

ここまでの梅雨前線は、温暖で乾燥した空気と、温暖で湿ったモンスーンまたは太平洋高気圧の縁辺流とがぶつかって生じているため、前線を挟んで温度差があまりありません（そのかわり湿度の差がくっきりしていま

---

*31 厳密には、このあたりの地域に高温・乾燥空気が常駐しているわけではありません。図中に示した「揚子江気団」という名称は、移動性高気圧に伴って移動してくる高温・乾燥空気に対して用いられます。ですから地名をつけて呼ぶのがおかしいという考え方もあり、最近はあまりこの名称は使われなくなってきています

す)。このような場合でも、前線で風が収束するわけですからやはり空気は持ち上げられ、雲を作ります。これが梅雨の雨をもたらします。

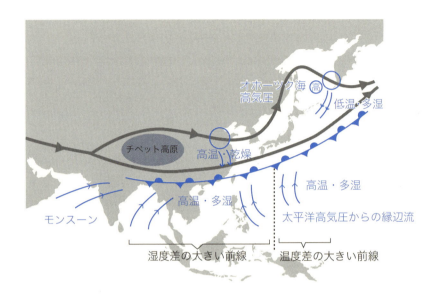

図4.26 梅雨前線の形成

さて東日本はどうでしょうか。こちらにはオホーツク海気団という寒冷で湿った気団があります。ここに**(2)**の下降気流が継続的にもたらされると、**オホーツク海高気圧**と呼ばれる高気圧が発生することがあります。オホーツク海高気圧と太平洋高気圧がぶつかる境目に生じるのが、東日本の梅雨前線となります。この前線は寒気（オホーツク海高気圧）と暖気（太平洋高気圧）の境目ですので、西日本の前線とは性質が違いますね。

梅雨前線は1本の長い前線記号で示されてはいますが、ここまで述べてきたように場所ごとにでき方が違い、結果的に性質も違っています。大ざっぱにまとめると西日本は湿度の境目、東日本は温度の境目というふうになっています。

そしていよいよ夏本番になってきますと、太平洋高気圧が日本全体を覆うぐらいに範囲を広げてきますので、梅雨前線はどんどん北上していきま

す。また同時に、亜熱帯ジェット気流が一段と北上し、チベット高原よりも北のルートを通れるようになります。すると**(2)**のようなジェット気流の蛇行に伴う下降気流、オホーツク海高気圧の発生が抑えられます。これらの複合的な要因によって、梅雨明けが訪れるわけです。

　なお、ジェット気流の北上が遅れたり、太平洋高気圧の勢力が平年よりも弱い、あるいはオホーツク海高気圧が平年よりも強い場合などは、梅雨前線の北上が遅れ、梅雨明けも遅れます。また、梅雨前線が十分北上しきらず、そのまま夏が過ぎて秋になってしまい、今度は前線が南下を始めるようなこともあります（この頃には<u>秋雨前線</u>と呼ぶようになります）。こういうときは気象庁から「梅雨明けの日」の発表がありません。梅雨という現象には、地球規模の色々な要因がからんでいるということの現れですね。

❖冬型の気圧配置って何？

　冬になると、よく天気予報で「西高東低の冬型の気圧配置となり…」というフレーズを耳にします。<u>西高東低</u>とは、日本列島の西側が高気圧、東側が低気圧になり、等圧線が南北に走っているような状態のことで、冬の間はこのような気圧配置になることが多いですね。次ページ図4.27のような縦縞の天気図を見て、「冬になったなあ」と感じる方もいらっしゃるでしょう。

　これは、梅雨の節でも述べた<u>大陸と海の温まりやすさ・冷めやすさの違い</u>によるところが大きいです。夏とは逆で冬には陸地はよく冷えるため、「気柱が冷えると地上は高気圧」という原則[*32]によってユーラシア大陸上は高気圧となります。これがシベリア気団の中で発達する<u>シベリア高気圧</u>です。シベリア高気圧から吹き出す風（寒気）のために日本付近では温帯低気圧が発生しやすくなります（温帯低気圧は南北の気温差が原因で起こること[*33]を思い出しましょう）。温帯低気圧は勢力を強めながら太平洋上を東へ進み、最盛期にはカムチャツカ半島の東あたりまで到達します。このため、日本列島を中心に見ると西（ユーラシア大陸）の気圧が高く、東（太平洋）の気圧が低い日が冬の間は多くなります。このような状況を<u>西高東低の気圧配置</u>とか<u>冬型の気圧配置</u>などと呼ぶわけです。

[*32]　74ページ：気圧変化はどうして起こる？
[*33]　162ページ：低気圧と高気圧が順番にくるリクツ

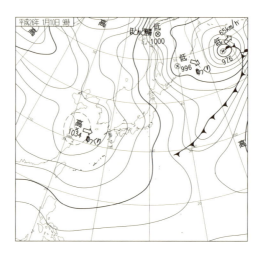

図4.27 西高東低の気圧配置

　西高東低の気圧配置になっているときは、等圧線を横切って（摩擦のある地衡風[*34]）日本には北西方向から強い風が吹き付けます。これが日本における冬の季節風です。この風は大陸上では冷たく乾燥していますが、日本海を渡るときに温められ、水蒸気も補給されるので不安定となり[*35]、積雲が発生し雪を降らせます。

　特に、この季節風が日本列島の中央を走る山脈（奥羽山脈など）にぶつかると、強制的に上昇させられて積乱雲が発生し、山脈の日本海側に大雪がもたらされます。このようにして雪が降ることを山雪型の降雪と呼びます。また、日本海の上空に強い寒気が入り込んだ場合は、日本海上でどんどん積乱雲が発達するため、平野部にも大雪が降ります。このような降雪を里雪型の降雪と呼びます。いずれの場合も、山脈の手前で雪を降らせた空気は山脈を越える頃には乾燥していますので、太平洋側の地域に空っ風と呼ばれる冷たい風を吹かせます（図4.28）。

[*34]　81ページ：様々な風1―地衡風
[*35]　138ページ：安定な大気・不安定な大気

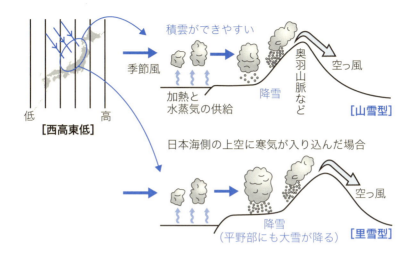

図4.28 山雪型降雪と里雪型降雪

❖四季の移り変わり

ここまでの振り返りを兼ねて、1年間の季節の移り変わりをまとめます。各季節の代表的な天気図とともに見ていきましょう。

(1) 春

北半球への太陽エネルギーの入射が増えてくると、冷たいシベリア高気圧の勢力が弱まってきます。また、熱帯収束帯の北上に伴って亜熱帯ジェット気流も北上してきますので、ちょうど日本列島あたりの緯度で温帯低気圧が発生し、東に進むようになります。

日本海のあたりを温帯低気圧が通過する際、その温暖前線に向かって温かい南風が吹き付けます。特に立春を過ぎてから春分までの間に、日本海上の低気圧（の温暖前線）に向かって吹き付ける風速8 [m/s] 以上の強い風が観測されたとき、これを**春一番**と呼びます（図4.29）。もちろん、この後は温帯低気圧が東に移動するため、寒冷前線が通過して寒い日に戻ります。

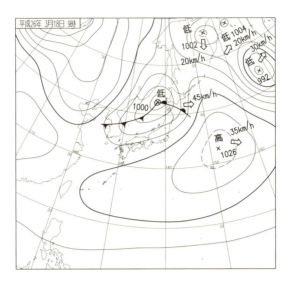

図4.29 春一番

　さらに1ヶ月ほど経ち、4月半ば以降となりますと、温帯低気圧と移動性高気圧が交互に日本列島を東へ通過するようになります。温帯低気圧が通過する際は、温暖前線・寒冷前線に伴う雲から雨がもたらされます。これを「春の嵐」と呼んだりします（図4.30）、移動性高気圧が通過する際は、下降気流に伴う昇温で雲の少ない晴天となります（図4.31）。

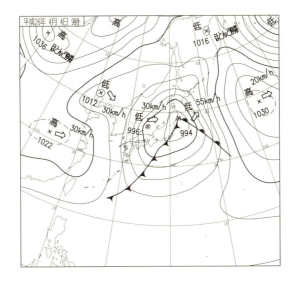

図4.30 温帯低気圧（春の嵐）

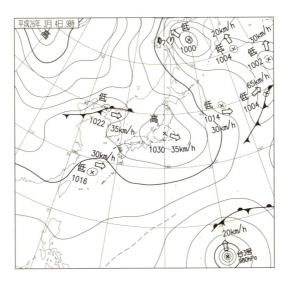

図4.31 春の移動性高気圧

このようにして交互に天気が移り変わるのが春の特徴です。

(2) 夏

　5月下旬から6月頃になりますと、亜熱帯ジェット気流の蛇行、ユーラシア大陸に吹き付ける季節風、太平洋高気圧とオホーツク海高気圧の発達といった地球規模の変化により、日本列島に梅雨前線が1ヶ月程度停滞します（図4.32）。太平洋高気圧の勢力拡大、亜熱帯ジェット気流の北上に伴い、梅雨前線が北上・消滅すれば梅雨明けです。

　この頃には日本列島全体が太平洋高気圧に覆われることが多くなり、そのような日には晴天となります（図4.33）。このように張り出してきた太平洋高気圧の形を、**鯨の尾型**の気圧配置と呼ぶこともあります。また、太平洋高気圧からもたらされる空気は水蒸気をたくさん含んでいますので、局地的に積乱雲が発達して大雨が降ることも多いです。

　一方、南の海上で台風が発生し、太平洋高気圧の縁をたどるようにして日本に接近します。7・8月頃よりも、太平洋高気圧の勢力が弱まる9月頃の方が、台風が日本列島に上陸（または接近）して大きな被害が出ることが多いようです（図4.34）。

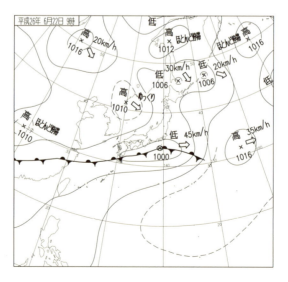

図4.32　梅雨前線

4.2 典型的な天気図ができるワケ / 201

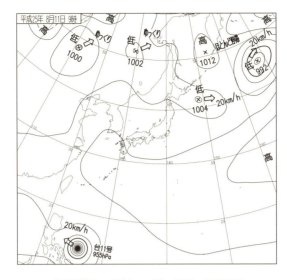

図4.33 太平洋高気圧（鯨の尾型の気圧配置）

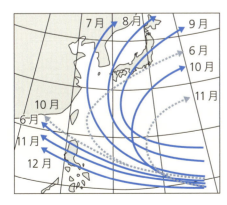

実線は主な経路、破線はそれに準ずる経路を示しています

気象庁ホームページ掲載の図を元に作成
http://www.jma.go.jp/jma/kishou/know/typhoon/1-4.html

図4.34 台風の月別の主な経路

(3) 秋

　太平洋高気圧の勢力が弱まることによりジェット気流が南下してきます。そのため、秋雨前線という停滞前線が発生します（図4.35）。太平洋高気圧の衰退に合わせて秋雨前線は南下し、特に東日本にしとしと降る長雨をもたらします。

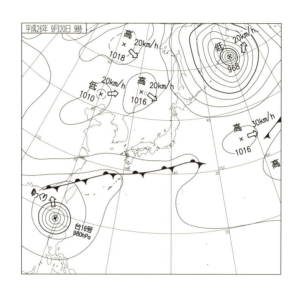

図4.35 秋雨前線

　10月頃になると秋雨前線もすっかり日本の南の方へ下がってしまい、日本列島には春と同じように温帯低気圧と移動性高気圧が交互に訪れるようになります（図4.36）。

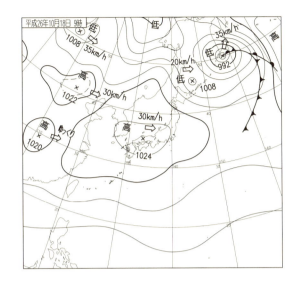

図4.36 秋の移動性高気圧

(4) 冬

　北半球への太陽エネルギーの入射が減ったことにより、冷たいシベリア高気圧が発達します。これにより日本付近に作られる西高東低の気圧配置（図4.27）のため、日本列島には北西から季節風が吹き付け、特に日本海側に大雪をもたらします。

　この頃には亜熱帯ジェット気流はかなり南下していますので（夏の逆です）、温帯低気圧が発生するのは四国沖など日本の南の海上であることが多いです。このような低気圧を**南岸低気圧**と呼びます（次ページ図4.37）。

　南岸低気圧に伴う前線にはやはり雲ができるため、雨がもたらされますが、南岸低気圧の北側の寒気の温度が十分低い場合は、雨ではなくて雪になることもあります。3月や4月に太平洋側の地域で雪が降ると、「えっもう春なのに雪？」と思ったりしますが、それはだいたいこの南岸低気圧によるものです。

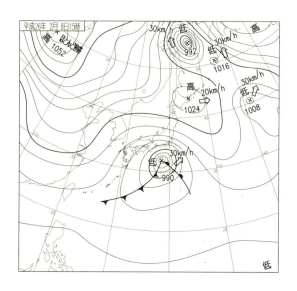

図4.37 南岸低気圧

このようにして1年が繰り返されていきます。

まとめ　日本の気候変化も、地球規模の空気の循環による

　台風、梅雨前線、冬型の気圧配置、四季の移り変わりについてまとめました。

　寒気と暖気が混ざり合うことで発生する温帯低気圧と違って、台風のもととなる熱帯低気圧は暖気核（ウォームコア）のみで発生します。暖気に向かって周囲から湿った空気が収束し、上昇して雲ができます。そのとき放出される潜熱でますます周囲が低圧となり、いっそう空気が吸い込まれます。これが台風発生の引き金でした。最盛期の台風は、温帯低気圧とは全く違ったしくみで、地上の空気を吸い上げ、上空で発散させています。

　梅雨前線は日本近辺の現象ですが、その形成には意外にも地球規模の空気の循環が関係しています。梅雨前線を境目として空気の性質に差があるわけですが、東西で少し事情が違っていて、ざっくり結論だけ言うと「西は湿度の境目、東は温度の境目」となっています。

　冬型の気圧配置は、日本付近で「西高東低」となる気圧配置です。海に比べると陸地の方が冷えやすいので、冬になるとユーラシア大陸の方が（海に比べて）低温となります。すると「気柱が冷えると地上は高気圧」の原則により、ユーラシア大陸が高気圧となり、相対的に太平洋あたりが低気圧となります。これが西高東低になる原理です。

　四季の移り変わりについては、どの局面を取っても、地球規模の入射エネルギーの変化、気圧配置、風の流れが関係しています。「日本の四季」などとよく言いますが、日本の周辺だけではなく、地球全体の事情が絡まり合っているのだ…ということを感じていただければ幸いです。

数値予報による予報

　天気を大きく変化させる気象現象のうち、比較的規模の大きなものは低気圧や高気圧、前線、台風などです。昔は、地上天気図や高層天気図を描いて大気の状態を把握し、低気圧前面に暖気が入っているか、寒冷前線の後面の寒気はどの程度か、台風を流す上空の風はどうなっているかなどを見て、それらの移動や発達・衰弱などを予想し、天気予報を組み立てていました。

　それらの比較的規模の大きな現象については、現在では「数値予報」と呼ばれる数値シミュレーションによって非常に精度良く予想できるようになってきました。

　大気の状態の変化は数式で表すことができます。例えばある地点の気温の変化を考えてみると、その地点に暖かい空気が流れ込んでくるのか冷たい空気が流れ込んでくるのか、その程度はどのくらいかというのは、周りの空気との温度差と風速との積で求めることができます。また、地面からの放射による加熱の程度なども計算できます。気圧も周りからの空気の流れや上空の空気の発散・収束によって計算できます。数分後の温度や気圧の変化を計算して、それを何度も繰り返すと数時間後、そして数日後の温度や気圧を計算できます。地球を取り巻く全ての地点でその計算を行えば、数時間後・数日後の地球を取り巻く大気の温度分布や気圧配置を知ることができるというわけです。

例として、2014年11月30日9:00を初期値とする数値予報結果を実際と比べてみましょう。図1が初期値です。図2から図4までそれぞれ、24時間後、48時間後、72時間後の予想と実際の気圧配置を並べてみました。日本海の低気圧が徐々に発達しながら北東に進むのがよく予想できていることが分かります。ただ、72時間後になると、低気圧の位置はほぼ合っているものの、中心気圧を低く予想しすぎていることが分かります（984hPaまで下がると予想していますが、実際には990hPa程度でした）。

このように、予想時間が近い場合はかなり精度よく予想できますが、予想時間が先に進むにつれて、数値予報結果の精度は悪くなってきます。これは初期値に誤差があったり、計算の際に小さな現象をうまく表現できなかったりするためで、週間予報の後半の精度が悪いのはこのためです。また、気圧配置は精度よく予想できても、それに伴う小さな現象、特に狭い範囲で強く降る雨や、明瞭でない気圧の谷や湿りの予想は、まだ精度良く予想できるまでには至っていません。

このため、実際の天気予報作業では、実況と数値予報を比較して、異なっている部分があれば、それがその後どのように影響するかを考えながら予想を組み立てて、予報を発表するということになります。

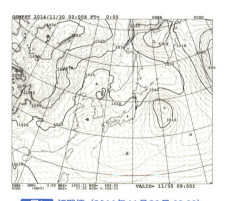

図1 初期値（2014年11月30日 09:00）

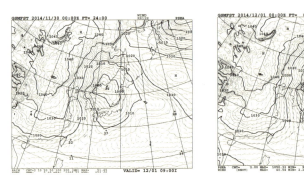

図2 24時間後の予想気圧配置(左)と実際(右)

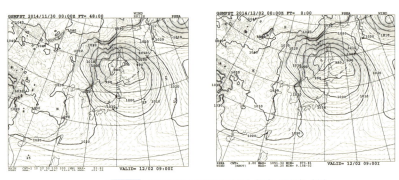

図3 48時間後の予想気圧配置(左)と実際(右)

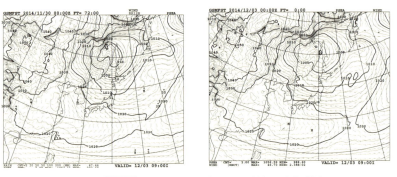

図3 72時間後の予想気圧配置(左)と実際(右)

困った天気
「突発的」な気象現象も理解しよう

　この章では、いくつかの特徴的な現象（竜巻、ダウンバースト、落雷、ゲリラ豪雨）を採り上げ、今までに出てきた事項にもう少し知識をプラスアルファして理解を試みます。4章までに比べると少し難しい内容になりそうですが、じっくり取り組んでみましょう。

5.1 竜巻

❖竜巻の威力と発生メカニズム

近年、特に日本国内で竜巻や突風による被害のニュースをよく耳にするようになってきたような気がしませんか。気象庁の発表[*1]によると、近年確かに発生が確認された回数は増えているように見えますが、これは「竜巻や突風への調査を強化しているため」という理由かもしれませんので、実際に増えているかどうかはよく分かりません。ですが報じられるように、いつなんどき自分の身に降りかかるか分からないできごとですので、ここで知識を整理しておくことにしましょう。

竜巻とは、上空の巨大な雲から地表まで細い「ろうと」のような形をした雲が伸びていて、その周囲に猛烈に回転する風を伴う現象だと言えます。風の回転半径はだいたい100〜600m程度、持続時間は数分のものが多いです[*2]。移動距離はもちろん持続時間によって変わりますが、1km程度から、ものによっては100km程度移動する場合もあるようです。

竜巻は激しい被害を生みますから、風速が非常に速いことは間違いありませんが、前述のように小さくて短命な現象であるため、通常の観測網には引っかからないことが多いです。そのため、竜巻の被害状況から風速を推定するための指標、**Fスケール（フジタスケール）** というものがあります（次ページ表5.1）。これは藤田哲也博士が竜巻の被害状況を綿密に調査し、1971年に発表したものですが、現在に至るまで（一部改良されながら）世界中で広く使われています。

[*1] http://www.data.jma.go.jp/obd/stats/data/bosai/tornado/stats/annually.html
[*2] 例は少ないですが、数mしかないものや1kmに及ぶものもありますし、数時間持続した例もあります

スケール値	風速（m/s）	状態
F0	17〜32m/s （約15秒間の平均）	テレビのアンテナなどの弱い構造物が倒れる。小枝が折れ、根の浅い木が傾くことがある。非住家が壊れるかもしれない。
F1	33〜49m/s （約10秒間の平均）	屋根瓦が飛び、ガラス窓が割れる。ビニールハウスの被害甚大。根の弱い木は倒れ、強い木は幹が折れたりする。走っている自動車が横風を受けると、道から吹き落とされる。
F2	50〜69m/s （約7秒間の平均）	住家の屋根がはぎとられ、弱い非住家は倒壊する。大木が倒れたり、ねじ切られる。自動車が道から吹き飛ばされ、汽車が脱線することがある。
F3	70〜92m/s （約5秒間の平均）	壁が押し倒され住家が倒壊する。非住家はバラバラになって飛散し、鉄骨づくりでもつぶれる。汽車は転覆し、自動車はもち上げられて飛ばされる。森林の大木でも、大半折れるか倒れるかし、引き抜かれることもある。
F4	93〜116m/s （約4秒間の平均）	住家がバラバラになって辺りに飛散し、弱い非住家は跡形なく吹き飛ばされてしまう。鉄骨づくりでもペシャンコ。列車が吹き飛ばされ、自動車は何十メートルも空中飛行する。1トン以上ある物体が降ってきて、危険この上もない。
F5	117〜142m/s （約3秒間の平均）	住家は跡形もなく吹き飛ばされるし、立木の皮がはぎとられてしまったりする。自動車、列車などがもち上げられて飛行し、とんでもないところまで飛ばされる。数トンもある物体がどこからともなく降ってくる。

気象庁ホームページより
http://www.jma.go.jp/jma/kishou/know/toppuu/tornado1-2.html

表5.1　フジタスケール

台風の風速と比べてみましょう。表5.2をご覧ください。熱帯低気圧のうち風速が17 [m/s] を越えたものを台風と呼びますが*3、これはFスケールでは一番弱いF0に当てはまります。米国内では、少数ではありますが「台風よりずっと強い竜巻」が起こっているようですね。

風速 (m/s)	台風			竜巻				
	気象庁の「強さの階級分け」	発生数/年（1977～2013年）	割合	Fスケール	米国内発生数/年（1950～2007年）	割合	日本国内発生数/年（2007～2012年）	割合
17 32		11.5	45.1%	F0	369.3	43.8%	15.3	67.2%
33 43	強い	6.5	25.5%	F1	284.9	33.8%	6.7	29.2%
44 49	非常に強い	5.5	21.7%					
50 54				F2	140	16.6%	0.7	2.9%
55 69	猛烈な	2.0	7.7%					
70 72				F3	37.9	4.5%	0.2	0.7%
73 92								
93 116				F4	9.3	1.1%	0	0.0%
117 142				F5	1.1	0.1%	0	0.0%

竜巻のデータは『天気と気象についてわかっていることいないこと』（ベレ出版）を参考に、原典のデータ（Simmons et al.(2011) の表2.2、気象庁ホームページの竜巻等突風データベース（http://www.data.jma.go.jp/obd/stats/data/bosai/tornado/、海上・湖上の竜巻を除外））を使用して最新の内容に更新。台風のデータについては「デジタル台風」（http://agora.ex.nii.ac.jp/digital-typhoon/）より1977～2013のデータを平均。強さの階級分けは気象庁のホームページ（http://www.jma.go.jp/jma/kishou/know/typhoon/1-3.html）を参照

表5.2 台風と竜巻の風速と個数

*3　181ページ：海上で発達する台風のしくみ

なお、この表の台風の風速は「それぞれの台風の最大風速」ですから、通常は日本の南の海上で記録される数値です。本州あたりに上陸した頃には、風速はだいぶ小さくなっているのが普通です。もしも「陸上での風速」で表を作ると、台風はもっと風速の小さい側に偏るはずです。それに対して竜巻は陸上で起こったものをピックアップしてあります。ですから、例えば日本の陸上で比較するならば、この表から受ける印象よりは竜巻の方が「風速の大きいものが多い」と考えてよいでしょう。

さて、竜巻についてはまだ不明な点が多いのですが、そうはいっても空気の動きで生じている現象ですので、ここまでの章で述べてきたことである程度は理解できる部分もあるはずです。今までの章では第2章にちらりと登場しました[*4]。そう、竜巻は回転半径が非常に小さいため、コリオリ力が近似的に無視できる旋衡風という状況になっているのでしたね。

旋衡風の特徴として、回転中心の気圧が低いため空気塊は中心向きに気圧傾度力を受けるのですが、コリオリ力を無視できるため、回転方向は時計回り・反時計回りのどちらも起こりうる…ということがありました。北半球における通常の低気圧（コリオリ力が無視できない）の周囲では反時計回りの風しか許されませんから、これは大きな特徴ですね。

ところが実際の竜巻は、北半球では反時計回りのものが多いようです。なぜでしょう？　竜巻のうち、反時計回りに回転する巨大なスーパーセルという雲から生じるものは比較的理解がしやすいですので、ここで少しだけそのメカニズムを覗いてみましょう。

スーパーセルの「スーパー」は「巨大な」、「セル」とは「雨を降らせる雲のかたまり」というような意味合いの言葉です。思い切って表現すると非常に巨大な積乱雲ということですね。ただし通常の積乱雲の水平方向の大きさは数kmですが、スーパーセルは水平方向に20〜30kmにも及びます。以下でその発生、発達メカニズムに触れます。

大気の状態が不安定な場合、どこかで上昇気流が発生するとどんどん上昇気流は発達していきます。さらに上空に行くほど風速が急激に大きくなる場合、雲（スーパーセル）が発生し、雨やひょうを降らせるんですね。このとき、雲の中で雨やひょうが蒸発・融解することで潜熱を奪い、周囲の空気の温度を下げます[*5]ので、下降気流が生じます。さらに、雨や

[*4] 83ページ：様々な風2—傾度風・旋衡風
[*5] 28ページ：潜熱

ひょうの粒子そのものが周囲の冷気を一緒に引きずり下ろす効果もあり、下降気流はいっそう強くなります（図5.1）。このように、スーパーセルは全体として1つの強い上昇気流と、1つの強い下降気流を伴っているという特徴があります。

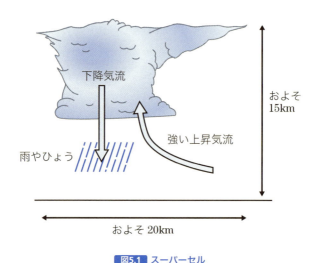

図5.1 スーパーセル

また、気圧配置に注目してみると、上昇気流のあたりは気圧が低く、そこに向かって温かい空気が流入しています。一方で下降気流の部分からは冷気が噴出しています。ですから次ページ図5.2のように、低圧部とそれに付随した温暖前線、寒冷前線が生じています。この気圧配置だけ見ると普通の温帯低気圧[*6]と似ているように見えますが、水平方向の大きさは30km程度ですから、普通の温帯低気圧（1000km台の大きさ）よりはずいぶん小さいですね。ですからこのような気圧の状態のこと を**メソ低気圧**とか**メソサイクロン**と呼びます。「メソ」とは「中くらいの」という意味です。普通の温帯低気圧と同様に、低気圧に流入する風は全体的には反時計回りになっています。

図5.2には、気圧配置と雲の輪郭、降雨域も重ねてあります。雲はレーダーの反射（エコー）によって観測できますが、その形がちょうど「フッ

[*6] 200ページ：図4.32

ク」のようになっていますので、この形のエコーを**フックエコー**と呼ぶこともあります。ちょうどこのフックの曲がっているあたりが竜巻の発生しやすい箇所です。図のABに沿った断面図が、図5.1のスーパーセルです。

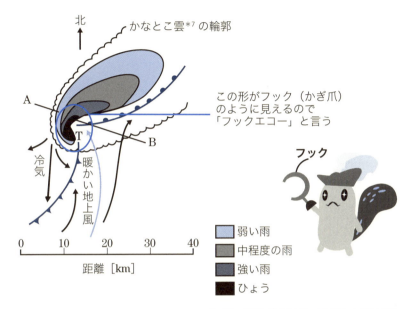

図5.2 スーパーセルの下層部のレーダーエコーと風の流れ

少しまとめますと、不安定な大気の上空ほど風速が大きくなっている場合、数十kmの大きさをもつスーパーセルが発生し、そこにはメソ低気圧という気圧配置が生じます。このメソ低気圧には、全体としては反時計回りの風が吹き込んでいますので、スーパーセルという雲そのものが反時計回りにゆっくり回転しています。

スーパーセルの下では空気がゆっくり回転しているわけですが、その空気の回転半径が竜巻のサイズにまで小さくなると、回転速度が非常に上がるのです。ここには**角運動量保存則**という法則が関係しています。**角運動量**とは、回転する物体の回転半径×質量×回転速度で定められる値のこ

---

*7 積乱雲が発達して、雲頂部分が平らに広がったもの

とです。物体に外から力がかかっていない場合、または力がかかっていても「回転の中心向きだけ」にかかっている場合は、この角運動量という値が一定に保たれるのです。少し例を見てみましょう。

フィギュアスケートの選手が手を大きく広げてゆっくり回転を始めた後、手を体に近づけていくにつれて、体の回転が速くなる…という演技を目にされたことがあると思います。手をおもりのような物体、腕を棒のようなものだと考えて、簡略化した図を示すと図5.3のようになります。

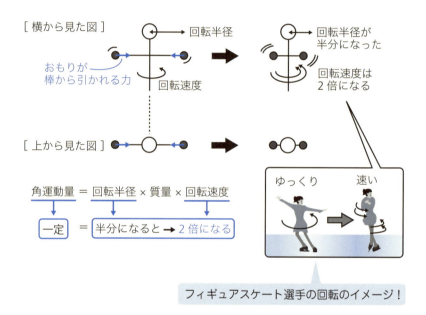

図5.3 角運動量保存則

おもり（手）は棒から引っ張られますが、この力は回転の中心を向いていますので、角運動量が保存される条件を満たしています。この状況で棒（腕）を縮めて例えば回転半径を半分にしたとすると、回転速度が2倍になることが分かります。仮にスーパーセルの大きさが30kmで、竜巻の大きさが300mだとすると、回転半径が100分の1になったようなものですから、回転速度は100倍になると言えます。ですからスーパーセルの段

階で仮に回転速度が1 [m/s] しかなくても、竜巻になったときには100 [m/s] というものすごい風になるわけです（F4スケールですね）。

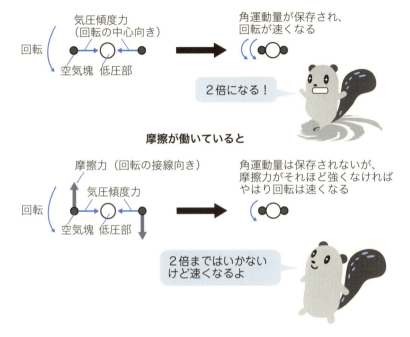

図5.4 摩擦力が働く場合の角運動量

　もちろん、実際には地表からの摩擦力（これは回転の中心向きではなくて接線向きに回転を邪魔する力です）などがかかるため、角運動量は厳密には保存されませんが（図5.4）、だいたいここに述べたような理屈で、竜巻の強風は生み出されていると考えられています。

5.2 ダウンバースト

❖飛行機にとって深刻なダウンバースト

　積乱雲から突如として強風が吹き下ろし、そのせいで飛行機の着陸が難しくなったり（最悪の場合は墜落することも）、あるいは街中の電柱が何十本も倒されたり…という被害が起こっています。このような強風は**ダウンバースト**と呼ばれ、被害は日本国内だと近年では年間数件程度報告されているようです。

　成熟した積乱雲の中では、雲の上の方から氷の粒が降ってきていますので、スーパーセルにおける下降気流と同様なメカニズムで強力な冷気の下降気流が生じ[*8]、地面に当たると放射状にどっと広がって周囲に被害がもたらされます。このような強力な下降気流をダウンバーストと呼びます（図5.5）。

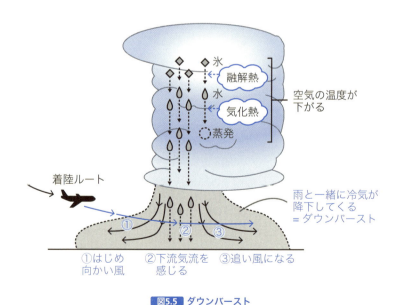

図5.5　ダウンバースト

---

*8　210ページ：竜巻の威力と発生メカニズム

ダウンバーストが地面にたたきつけられ、風が水平方向に放射状に広がったところに、飛行機が進入してくるとどうなるでしょう。最初は向かい風を感じ、その後すぐ下降気流の中を通過し、その後は追い風になるというめまぐるしい状況の変化が訪れます。この事態に十分に対応できないと、最悪の場合は墜落するということも起こってしまうようです。

　また、ダウンバーストは地面に当たると水平に広がっていき、もともと積乱雲を作っていた温かく湿った空気とぶつかります。この衝突の先端のことを**ガストフロント**と呼びます（図5.6）。「ガスト」は「突風」、「フロント」は「前線」という意味です。スケールの小さな寒冷前線のようなイメージですね。このガストフロントにより、積乱雲に流入していた水蒸気がせき止められてしまいますので、この積乱雲は徐々に衰退していきます。一方、ガストフロントでは新たに上昇気流が発生し、新しい積乱雲が発生します。このようにして次々に積乱雲が世代交代をしながら雨を降らせ続けるということがあります。一つひとつの積乱雲の寿命は30分程度ですが、このしくみそのものは数時間も続くこともあります。

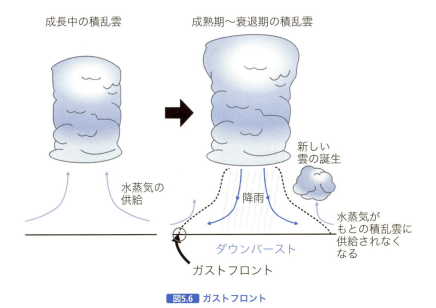

図5.6 ガストフロント

5.3 雷などの電気現象

❖雷雲の中では何が起きている？

雷がドーン！と落ちてくる…などとよく表現しますが、よく調べてみると雷は「落ちてくる」ばかりでもないんですよ。雷雲の中や地面との間にどんなことが起こっているのか、少し詳しく見てみましょう。

まず概略から説明しておきます。雷の「もと」である電気の偏りは、積乱雲の中で発達します。積乱雲の下の方にマイナスの電気がたまっていくのですが、それに引き寄せられて地面にはプラスの電気が集められます。そして、あまりにもマイナスの電気量が多くなると、地面に向かって飛び出していきます（電気が飛び出すことを放電と呼びます）。これがいわゆる「雷が落ちてくる」というイメージに近いのですが、実際はマイナスの電気が地面に近づいてくると、地面からプラスの電気の放電も始まります。上空からのマイナスと地面からのプラスがつながると、雷の完成です。このほか、雲から雲にも放電が起こりますし、なんと雲からさらに上空に向けての放電も起こります（図5.7）。

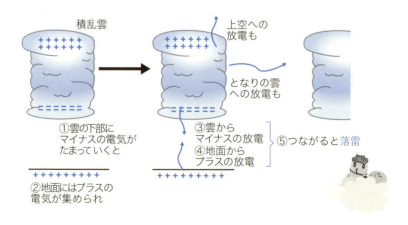

図5.7 放電と落雷発生

では1つずつ詳しく見ていきましょう。まず、そもそも電気にはプラスとマイナスがあり、原子の中では電子がマイナス、原子核がプラスの電気をもっているということをご存じだと思います。原子から電子が取れると、プラスの電気をもった**陽イオン**になり、逆に原子に電子が入ってくると、マイナスの電気をもった**陰イオン**になります。原子がイオンになることで、ゼロでない量の電気をもつことを**帯電する**と言います（図5.8）。

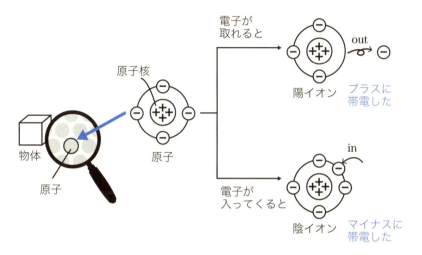

図5.8 帯電のしくみ

雲の中で電気が分かれるしくみは色々提案されているのですが、特に大きな役割を果たしていると考えられているのが**氷の粒どうしの衝突**です。雲の中では氷の粒が上下に運動していて、小さなものから大きなものまであります。ちなみに直径が5mm未満のものを**あられ**、それより大きいものを**ひょう**と呼びます。

あられに分類されるぐらいの大きさの氷の粒と、もっと小さな氷の粒が衝突するとき、電気の移動が起こります。どちらがプラスでどちらがマイナスになるかは温度によって異なりますが、実験によるとだいたい−10℃より低い場合にはあられの方がマイナスになるようです。ちなみに積乱雲の発達期においては、あられ等の氷の粒が発生する領域の気温は通常−

10℃以下になっていますので、あられがマイナスになると考えてよいでしょう。

あられは重いので落下し、小さな氷の粒は上昇気流によって上の方に運ばれます。こうして、積乱雲の下の方にマイナスの電気が、上の方にプラスの電気がたまっていきます（図5.9）。

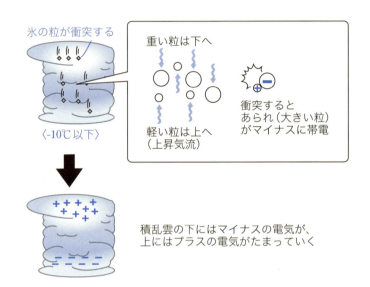

図5.9　雲中での電気の移動

雲の下部にマイナスの電気がたまってきますと、雲の下の地面にプラスの電気が引き寄せられてきます（あるいは地面からマイナスの電気が逃げていって、結果的にプラスの電気が残ります）。地面のように平たいところよりも、木や塔の先端のようにとがったところにプラスの電気はたまりやすいです。

あられの発生・落下が続き、雲の下部にたまるマイナスの電気量が増えると、地面や木に引き寄せられるプラスの電気量も増えてきます。空気をはさんだ上下の電気量が限界を超えると、雲の下部から地面や木に向かって電子が飛び出していきます。これが雷の始まりです（図5.10）。

5.3 雷などの電気現象 / 223

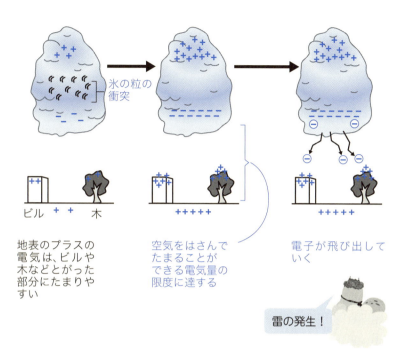

図5.10 雷の発生

　雲の下部から最初に飛び出した電子の集団は、ジグザグしながら地面に向かって行きますが、途中で進めなくなります。しかし続いて第2・第3の電子の集団が雲から飛び出し、その道をたどって地面に近づき、さらに新しい道を作っていきます。まるで「空気層を掘り進む探検隊」のようなイメージですね。先発隊が掘り進んだところまで後発隊が進み、さらに続きの道を掘るという。このようにして作られる道筋のことを**ステップトリーダー**と呼びます。

　ステップトリーダーが地上数十mぐらいにまで近づいてくると、ステップトリーダーめがけて地面からプラスの電気が上っていきます。両者がくっつくと、電子は地面へ、プラスの電気は雲へ向かって流れます。この電流のことを**リターンストローク**と呼びます（次ページ図5.11）。一般にこのとき強い光と大きな音が出ます。

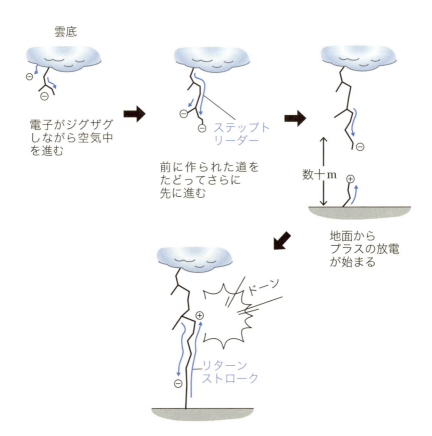

図5.11 ステップリーダーとリターンストローク

　この直後にも雲から地面に向けて、あるいは地面から雲に向けてマイナスやプラスの電気が何度か行き来します。最初のステップリーダーから放電が落ち着くまでの時間は0.2〜0.3秒程度のようです。色々なことが瞬時に起こっているわけですね。

　また、しくみはまだ十分解明されていないようですが、積乱雲の雲頂から上空に向けて起こる放電**ブルージェット**や、もっと上空の中間圏から熱圏に向けて起こる放電**レッドスプライト**、**エルブス**といった現象も見つかっています（図5.12）。これから新しい発見が出てくることと思います。

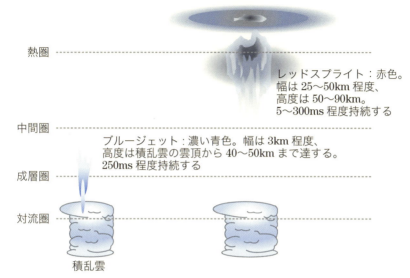

※ms＝ミリ秒：1ミリ秒は1/1000秒のこと

積乱雲から上空に向けて起こるいくつかの放電現象と、そのおおよその高さを図示しています

図5.12 確認される様々な電気現象

5.4 ゲリラ豪雨

❖都市を突然襲うゲリラ豪雨

近年、ニュースや新聞報道で**ゲリラ豪雨**という言葉を目にすることがとても増えたような気がしませんか。実は「ゲリラ豪雨」という用語は、気象庁できちんと定義した用語ではなく、多少あいまいな使われ方をしています。奇襲を常とする「ゲリラ」のイメージをもつ豪雨というわけで、だいたい「予測が難しく」「一気に大雨が降って短時間で雨がやむ」ような場合に使われる言葉のような気はします。

このあたりをきちんと調査した論文があります。それによると、新聞紙上に「ゲリラ豪雨」という語がひんぱんに登場するようになったのは2008年以降であり、大まかな傾向としては「1時間あたりの降水量が数十mm以上」「1日あたりの降水量が百数十mm以下」「降水継続時間は数時間〜十数時間」という場合に「ゲリラ豪雨」と呼ばれていることをつきとめています（図5.13）。1日あたりの降水量が「〜〜以下」になっているところに注意が必要かと思います。それ以上降る場合は、いわゆる「普通の豪雨」として報道されているということですね。

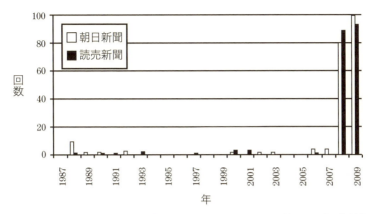

『「ゲリラ豪雨」と災害の関係について』（牛山素行、水工学論文集、第55巻、2011年2月、http://disaster-i.net/notes/20110308_0085.pdf）を元に作成

図5.13 「ゲリラ豪雨」という語が出現する新聞記事数の経年変化

同論文では、

・1時間あたりの降水量が80mm以上
・1日あたりの降水量が149mm以下

を便宜的に「ゲリラ豪雨の定義」とし、この条件を満たす雨を気象庁のデータベースから取り出して、その件数が増えているのかどうか、被害状況はどうか、などを調査しています。

　その結果としては、上記の条件を満たす雨は確かに増加傾向ではあるものの、報道で用いられる頻度が急増しているのに比べればあまり目立たないということが分かっています（次ページ図5.14）。

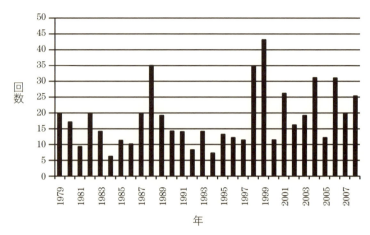

『「ゲリラ豪雨」と災害の関係について』（牛山素行、水工学論文集、第 55 巻、2011 年 2 月、http://disaster-i.net/notes/20110308_0085.pdf）を元に作成

図5.14 各年において1時間降水量80mm以上を記録した回数

　また、このような雨によって起こる被害も限定的で、むしろ「普通の豪雨」でも被害が起こりやすいところ（例えば地下街や川の近くなど）で起きているようです。ですから、「ゲリラ」だからどうこうというよりも、「激しい雨が降ってきたら地下街や川などの低地から離れる」というような一般的な注意を守ることが大切なのでしょう。

　さて、ここで予測のしにくさという要素について考えてみます。現在の気象予報は、地域をある大きさのマス目に区切って、隣り合うマス目どうしの間に生じる物理学的な相互作用を計算することで行われています。ですから、マス目のサイズに比べて十分大きな現象であれば予測がしやすいのですが、それほど大きくない現象だと予測がしにくくなります。

　現在の日本国内の天気予報は20km、5km、2kmの3つのマス目を使って計算しています[*9]。1つの積乱雲はだいたい水平スケールが5〜10km程度ですが、これが連なって線状になり、100km程度に及ぶ降水域（線状降水帯と呼びます）を作ると、いわゆる集中豪雨となります。100kmもある現象ならば、現在の気象予報の技術で予測をすることができます。

＊9　http://www.jma.go.jp/jma/kishou/know/whitep/1-3-4.html

ところが、どうやら水平スケールが20km程度しかないような、線状と言うよりも「かたまり」のような降水域ができる場合があるようなのです。その場合、5kmや2kmのマス目だとぎりぎり予測できるのでは？と思いがちですが、実際には、観測網の限界などのために予測が非常に難しいようです。そのため、雨雲の発達をピンポイントで予測できない場合が多く、「予測されなかった大雨がいきなり降った」ように感じられるでしょう（図5.15）。

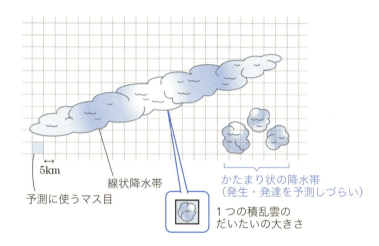

図5.15 予測と降水帯の形状

ではどうして降水域が線状になったりかたまり状になったりするのでしょうか。それ以前にそもそも「豪雨」と「そうでない雨」があるのはなぜでしょうか。それは次のような理由によります。

そもそも1つの積乱雲の大きさはだいたい決まっているので、水蒸気の量には限りがあります。ですから、1つの積乱雲が降らせることのできる雨の量は決まっていて、持続時間も1時間程度です。ところが、積乱雲から噴出する冷気（ガストフロント[*10]）に湿った空気が乗り上げることによって、新しい積乱雲ができることがよく起こります。この新しい積乱雲

[*10] 218ページ：飛行機にとって深刻なダウンバースト

は水蒸気をたっぷり含んでいますので、古い積乱雲が消滅した後もどんどん雨を降らせます。そしてまた新しい積乱雲が…というふうに、積乱雲が次々に誕生しながら延々と雨を降らせていくのが豪雨です。

　降水域の形がどうやって決まるかというテーマは、いま研究の最先端で追求されているようです。ある数値計算*11によると、鉛直方向の風速の変化の大小によって、降水域の形が線状になったりかたまり状になったりすることが示されました。図5.16を見てください。A地点の上空に誕生した積乱雲が流されていき、そのあとに次の積乱雲ができるという概念図です。この数値計算によると、鉛直方向の風速の変化が大きい（地表に比べて上空の風速がとても大きい）と、雲が次々に流れていって、降水域が線状に広がる状況が再現されました。一方、鉛直方向の風速の変化があまり大きくない場合は、雲があまり流されないため、降水域はあまり広がらずかたまり状になることも示されました。

　このように、豪雨の背景には「次々誕生する積乱雲」「鉛直方向の風速の変化」という2つの要因があって、場合によっては現在の予報技術では予測しづらい降水域を作ってしまうということですね。

　ただ、前述のように、「予測しづらいからどうしようもない」と考えるのではなく、大雨による災害は「もともと雨が降ると危険な地域」で起こりやすいわけですから、日頃から危険なエリアを把握しておき、大雨が降り始めたら早めにそこから立ち去るなどの自衛が必要なのだと思います。

---

*11 『Analytical and Numerical Study of the 26 June 1998 Orographic Rainband Observed in Western Kyushu, Japan』（Yoshizaki et al., 2000）https://www.jstage.jst.go.jp/article/jmsj1965/78/6/78_6_835/_pdf

5.4 ゲリラ豪雨 / 231

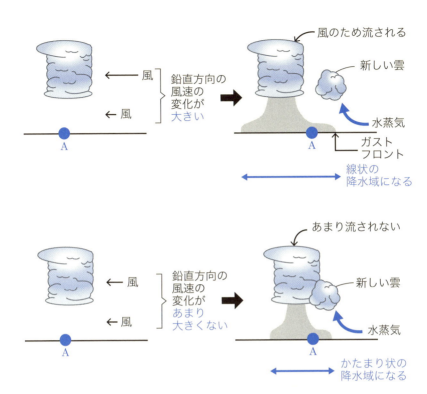

図5.16 「かたまり状」降水域のできるしくみ

まとめ **色々な現象が組み合わさって激しい気象が発生する**

　4つの特徴的な現象について見てきました。

　竜巻の突風はどうやって生じるか。よく分からない部分もまだあるものの、巨大な低気圧「スーパーセル」が発生し、その下の空気の回転半径が小さくなると、角運動量保存則によって回転速度が非常に速くなる…ということでしたね。

　積乱雲から冷気のかたまりが落ちてきて、地表で放射状に広がる現象「ダウンバースト」は、積乱雲の中で氷の粒が落ちてくるときに解けて蒸発し、そのときまわりから潜熱を奪うことによって生じます。また、地面に当たった冷気が水平方向に広がった先端を「ガストフロント」と言って、そこで新しい積乱雲が誕生することがあります。このように、一つひとつの雲は衰退をしながらも、全体としては降水が続くことがあります。

　雷の起こる最初の原因は、雲の中で氷の粒が衝突し合うことによって起こる電気の移動です。大きい粒がマイナスに帯電して雲の下部にたまります。すると地面にはプラスの電気が集められ、あるとき限界に達すると、雲からも地面からも電気の移動が起こります。これが落雷です。

　ゲリラ豪雨というのは意外と定義があいまいです。便宜的にある定義をして調べてみると、報道件数は近年急激に増えていますが、そのような降水現象はそれほど増えているとは言えない、ということが分かります。また「ゲリラ」というのは「予測しにくい」ということを暗に示している言葉ですが、降水帯の空間的な広がりが狭い場合には確かに予測が難しい場合もあると思われます。ただし、災害は「ゲリラ」かどうかに関わらず危険なところ（地下街や川の近くなど）で起こりやすいことに注意が必要です。

Column 竜巻の予報

　竜巻のような規模の小さな現象を、数時間前に個別にいつどこで発生するかを予想するのは非常に困難です。アメリカで発生する大きな竜巻はある程度寿命が長いので、その竜巻を発見してから移動方向を予想して警戒を呼びかけることもできます。そのためにスポッターと呼ばれる竜巻などを目視で観測して通報する人達もいます。

　しかしながら、表5.2からも分かるように、日本の竜巻はアメリカの竜巻に比べると規模の小さいものがほとんどです。そのため寿命も短いので、竜巻が消滅するまでに移動の予想をして伝達までするのは非常に難しいです。例えば2012年5月6日に茨城県で発生した竜巻は、日本における被害としては最大級で、直線距離で17kmに渡って被害を出していますが、その距離をわずか18分程度で通過しています。規模の小さな竜巻であれば、数分で消えることもあります。このため、日本では数値予報とレーダーを組み合わせた竜巻発生確度ナウキャストという方法で警戒を呼びかけています（図1）。

　竜巻発生確度とは2段階で現され、発生確度1とは「竜巻などの激しい突風が発生する可能性がある」ということで、さらに危険が高まった発生

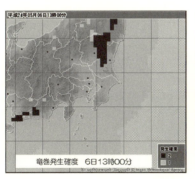
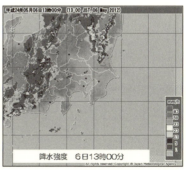

竜巻等突風予測情報改善検討会資料
（気象庁ホームページより）

図1　栃木県と茨城県で竜巻が発生したときの竜巻発生確度と実際の降水強度

確度2とは「竜巻などの激しい突風が発生する可能性が高く、注意が必要である」ということです。

　発生確度の決め方は次のようになっています。まず数値予報で将来の大気の状態を予想し、積乱雲の発達度合いを示すCAPE（第3章のコラムを参照）や、その積乱雲に流れ込む空気が渦状に回転しているか…といったことを計算します。この計算結果と、レーダー観測で得られる積乱雲からの降水の強さや積乱雲の高さを組み合わせて、突風危険指数というものを求めます。また、現在のレーダーはドップラーレーダーと言い、雨の強さだけではなく雨粒の動きを観測することができるため、これにより第5章で紹介したメソサイクロンを検出できることがあります。

　突風危険指数がある一定の大きさになってメソサイクロンが検出されたとき、または、突風危険指数が竜巻やダウンバーストの発生確率が高いことを示す値になったときに、竜巻注意情報が発表され、竜巻ナウキャストには発生確度2の領域が表されて、その移動が1時間先まで示されるようになっています。

　ただ、竜巻発生確度2でも、竜巻などが発生する確率は5～10％と低いですし、逆に竜巻発生確度が1になっていなくても、竜巻が発生することもあります。「大雨と雷および突風に関する気象情報」や「雷注意報」が発表されたら、その日は雷や竜巻などの激しい現象が発生するかもしれないと心の備えをして、携帯電話やテレビなどで竜巻注意情報が発表されたら、竜巻発生確度ナウキャストを確認し、外が暗くなって積乱雲が近づいてきたら屋内の頑丈な建物などに逃げ込むという、段階を追った情報の使い方をすることが大事です。

索引

英字・記号

Fスケール（フジタスケール） — 210
N（ニュートン） — 59
Pa（パスカル） — 59

ア行

秋雨前線 — 195,202
亜熱帯ジェット気流 — 111
あられ — 221
アルキメデスの原理 — 71
安定 — 140
位置エネルギー — 179
移動性高気圧 — 172,177
陰イオン — 221
ウィーンの変位則 — 24
ウォームコア — 185
運動エネルギー — 13
エーロゾル（エアロゾル） — 130
エマグラム — 143
エルブス — 224
遠心力 — 87
オゾン — 50
オホーツク海高気圧 — 194
温室効果ガス — 36
温帯低気圧 — 172,177
温暖前線 — 96
温度減率 — 47

カ行

海面気圧 — 74
角運動量 — 215
角運動量保存則 — 215
可視画像 — 25
可視光線 — 21
ガストフロント — 219
風 — 15,73
過飽和 — 128
空っ風 — 196
寒気移流 — 168
乾燥空気 — 127
乾燥断熱減率 — 134
乾燥断熱線 — 144
寒帯前線 — 108
寒帯前線ジェット気流 — 112
寒冷前線 — 96
気圧 — 15
気圧傾度力 — 76
気圧差 — 61
気圧の尾根 — 163
気圧の谷 — 163
気温曲線 — 148
気化熱 — 29
季節風（モンスーン） — 190
気体の状態方程式 — 61
気団 — 192
気柱 — 64
逆転層 — 41
凝結 — 122
凝結核 — 130
凝結熱 — 29
凝固熱 — 30
極偏東風 — 108
空気塊 — 15
鯨の尾型 — 200
雲 — 134

傾圧不安定波	165
傾度風	86
夏至	42
ゲリラ豪雨	226
高気圧	74
高気圧性循環	86
高層天気図	100
コリオリ力	77
混合比	127

サ行

里雪型の降雪	196
散乱	38
磁界	20
仕事	17
湿潤断熱減率	134
湿潤断熱線	145
湿度	124
シベリア高気圧	195
自由対流高度（LFC）	151
シュテファン・ボルツマンの法則	24
十種雲形	136
循環	44, 105
条件付き不安定	140
上昇気流	15
蒸発	28, 121
親水性の凝結核	130
水圧	59
水蒸気	121
水蒸気圧	121
水蒸気画像	27
スーパーセル	213
ステップリーダー	223
スパイラルバンド	185
西高東低	195

成層圏	44
静力学平衡（静水圧平衡）	65
赤外画像	25
積乱雲群	183
絶対安定	140
絶対温度	12
絶対不安定	140
接地逆転層	41
旋衡風	87, 213
線状降水帯	228
前線	108
潜熱	28
層状雲	136
相対湿度	124
速度収束	104
速度発散	104

タ・ナ行

大気の傾圧性	166
帯電	221
台風	184
対流・移流	14
対流雲	136
対流圏	44
ダウンバースト	218
竜巻	210
暖気移流	168
断熱圧縮	134
断熱変化	132
断熱膨張	134
地球大気	33
地衡風	82
地上天気図	74
チベット高気圧	192
中間圏	44

低気圧	74
低気圧性循環	86
停滞前線	98
ディッシュパン実験	170
電界	20
伝導	16
等圧線	73
等圧面	73
等高度線	100
冬至	42
等飽和混合比線	146
突風	210
南岸低気圧	203
熱運動	13
熱エネルギー	14
熱圏	44
熱帯収束帯	108
熱帯低気圧	181
熱力学第1法則	31

ハ行

梅雨（梅雨前線）	189
波長	21
ハドレー循環	107
春一番	197
ひょう	221
表面張力	128
不安定	140
フェーン現象	154
フェレル循環	108
フックエコー	215
冬型の気圧配置	195
浮力	70
ブルージェット	224
分子量	46
平衡高度	152
閉塞前線	96
偏西風	162
偏西風波動	165
貿易風	107
方向収束	104
方向発散	104
放射	20
放射霧	40
放射冷却	40
放電	220
飽和	122
飽和混合比	146
飽和水蒸気圧	122
飽和水蒸気量	122
保存する	128

マ・ヤ・ラ行

摩擦力	80
目	185
メソ低気圧（メソサイクロン）	214
目の壁雲	185
持ち上げ凝結高度（LCL）	151
矢羽根	98
山雪型の降雪	196
融解熱	30
陽イオン	221
予測のしにくさ	228
リターンストローク	223
レッドスプライト	224
露点温度	126
露点温度曲線	148

参考文献 ― さらに学ぶには

●もう少し気象や気候について勉強してみたくなったら
①『図解　気象学入門』(古川武彦・大木勇人、講談社)
②『天気と気象についてわかっていることいないこと』(筆保弘徳ほか、ベレ出版)
③『学んでみると気候学はおもしろい』(日下博幸、ベレ出版)
どの本も数式をほとんど使わずに明快に書かれているので、気象全般を概観するのに適していると思います。

●雲や雨について興味が出たら
④『雲の中では何が起こっているのか』(荒木健太郎、ベレ出版)
雲と雨の話だけで1冊になっている、驚きの本です。分かりやすく詳しい、一般向けの本です。

●雷について興味が出たら
⑤『雷の科学』(高橋劭、東京大学出版会)
雷だけで1冊になっています。これは④のような一般向けの本ではなく、数式もわりと出てきます。高校物理ぐらいの素養は必要です。

●天気図に興味が出たら
⑥『天気図がわかる』(三浦郁夫、技術評論社)
⑦『天気と気象』(白鳥敬、学研)
⑥は特徴的な天気図や歴史上有名な天気図を読み解く本。⑦は大気を立体的にとらえ、地上天気図と高層天気図の関連を読み解く練習ができる本です。いずれも一般向けの本です。

●気象予報士試験に興味が出たら
⑧『一般気象学』(小倉義光、東京大学出版会)
⑨『気象予報士かんたん合格ノート』(財目かおり、技術評論社)
⑩『気象予報士かんたん合格10の法則』(中島俊夫、技術評論社)
気象予報士試験に合格するためには、数式も含んだ気象学を理解し、試験問題を解けるようになる必要があります。本書も含め、③までの書籍だと少しレベルが足らないでしょう。
一緒に勉強してくれる「理系」の人が居る場合、またはあなたご自身に「理系」の素養がある場合は、ぜひ⑧にチャレンジしてみてください。筆者も勉強仲間と一緒に、5ヶ月ぐらいかけて⑧を読み解いていきました。
一方、「文系」の方には⑧は少し辛いかもしれません。その場合は⑨や⑩のような「文系」の方向けの本をまず手に取ってみてください。式の詳細はよく分からなくても、「ざっくりとこうとらえる」というコツなどが書かれてあり、参考になると思います。
①～③のどれかと⑧～⑩のどれかでだいたい気象学の雰囲気がつかめると思いますので、あとは過去問の演習に入れば合格の可能性が出てきます。

Profile

横川 淳（よこがわ　じゅん）

コムタス進学セミナー呉駅前校校舎長・理科主任。気象予報士。博士（理学）。
本書では本文執筆を担当。
1974年生まれ（広島県出身）。京都大学理学部卒業、同大学院理学研究科博士課程修了（専攻：X線天文学）。その後、北海道大学CoSTEP（科学技術コミュニケーター養成ユニット）第4期選科Aを修了し、塾生たちの生活のすき間に「科学を染みこませる」ことを模索中。
中国新聞社『ちゅーピー子ども新聞』のコラム「おもしろ理科」を創刊号から6年余り担当。ブログ『カガクのじかん』http://d.hatena.ne.jp/inyoko/ で、身近なところに見つかる科学のネタを発信中。
著書に『気楽に物理』（ベレ出版）。

三浦 郁夫（みうら　いくお）

和歌山地方気象台長。
本書ではコラム執筆・監修を担当。
1959年生まれ（北海道出身）。気象大学校卒業。北海道大学CoSTEP（科学技術コミュニケーター養成ユニット）第2期選科生。日本気象学会、日本災害情報学会所属。
本業務の合間にネットや書籍を活用して、学校の先生や気象予報士の皆さんと交流。気象に関する正しい知識を持って、防災に心がけてほしいと常に願っている。最近は、所属する登山クラブでも気象の講話を行っている。ホームページ『湘南お天気相談所』http://www.shonan-tenki.com/ は、少々サボリ気味。
著書に『お天気なんでも小事典（共著）』『天気図がわかる』（技術評論社）。

本書へのご意見、ご感想は、技術評論社ホームページ (http://gihyo.jp/) または以下の宛先へ、書面にてお受けしております。電話でのお問い合わせにはお答えいたしかねますので、あらかじめご了承ください。

〒162-0846　東京都新宿区市谷左内町21-13
株式会社技術評論社　書籍編集部
『身につく 気象の原理』係
FAX：03-3267-2271

●ブックデザイン：小川純（オガワデザイン）
●イラスト：コムタスグループ　デザイン部
●本文DTP・図版：渡辺陽子
●天気図、気象データ提供：気象庁

身につく
気象の原理

2015年5月10日　初版　第1刷発行
2023年6月20日　初版　第3刷発行

著　者　横川　淳
監修者　三浦　郁夫
発行者　片岡　巌
発行所　株式会社技術評論社
　　　　東京都新宿区市谷左内町21-13
　　　　電話　03-3513-6150　販売促進部
　　　　　　　03-3267-2270　書籍編集部
印刷／製本　日経印刷株式会社

定価はカバーに表示してあります。

本の一部または全部を著作権の定める範囲を超え、無断で複写、複製、転載、テープ化、あるいはファイルに落とすことを禁じます。
造本には細心の注意を払っておりますが、万一、乱丁（ページの乱れ）や落丁（ページの抜け）がございましたら、小社販売促進部までお送りください。送料小社負担にてお取り替えいたします。

©2015　横川淳、三浦郁夫、株式会社コムタスグループ
ISBN978-4-7741-7227-9 C3044
Printed in Japan